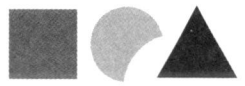

天性

TIANXIN

泡爸／著

湖南科学技术出版社

泡　爸

　　知识童书作家。出于给女儿泡泡讲知识的原因，"不小心"成为作家，著有"让孩子着迷"系列、《大人孩子都能懂的时间简史》等知识童书。

　　"顺应天性的教育"思想创建人。已培训家庭教育辅导师逾千人，覆盖全国 100 多个城市。

　　了解更多知识内容和教育信息，请关注微信公众号"泡爸讲知识"、"顺应天性"。

序 *preface*

:

骄纵、尖刻、蛮横、清高、孤僻、逃避、忧郁、强迫……

坏的性格从哪里来？

为什么，有些人的性格尖锐伤人、难以相处？

为什么，有些人的性格纠结痛苦、自我折磨？

那些坦然、自信、从容的积极性格，是天生的吗？

不是。好坏性格都由后天所得，由成长期的教育决定。

正确的教育方式，形成好的性格；错误的教育方式，形成坏的性格。

不过，决定性格的教育方式，其正确与错误，并不是绝对的，而是相对的。

有的孩子，一定要规矩鲜明；有的孩子，却必须给他宽松自由；有的孩子，一定要严格严厉；有的孩子，却必须宽容以待。

原因在于，人有不同的天性。不同天性，所需要的正确教育方式完全不同。

顺应天性的教育，带来坦然、自信、从容的正人性格；逆天性的教育，则形成有问题的"病"负性格。负人，尖锐伤人；"病"人，压抑伤己。

这里所讲的天性，与生俱来，以能力倾向和思维偏好表现为：

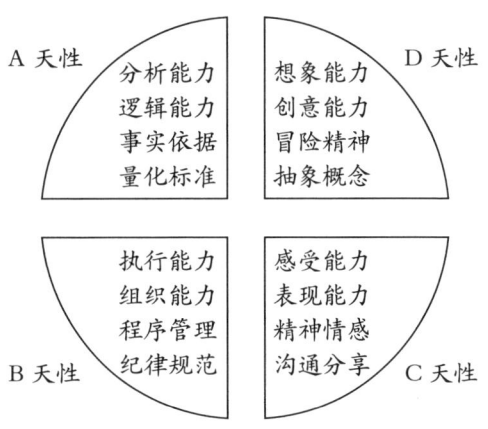

A 天性为主的人，天生对数字和方向敏感；数字和方向感却是 C 的劣势和不足，C 更擅长体察细腻的情感和情绪。

D 天性为主的人，擅于归纳和抽象思考；归纳与抽象却是 B 的劣势和不足，B 更擅长细节发现和程序流程。

对角的 A 与 C、B 与 D，互为优劣势的对应所在。

从外在表现看：

左脑的 A 和 B，冷静、理性；右脑的 D 和 C，更重感觉、感受。

上脑的 A 和 D，强势、独立；下脑的 B 和 C，相对弱势、从众。

天性只有四种，为什么人与人千差万别？为什么有些人的天性看起来不够清晰？

这是因为：

1. 天性虽然只有四种，但纯粹一种天性的人很少，大多数人有主有偏。偏的程度不同，也会带来表现上的不同。

不过，每个人都有主天性，且只偏相邻的一个。主天性，决定着一个人的思维偏好。

2. 天性之上，还有表层的性格。受不同的教育方式影响，每种天性都对应着三种不同的正"病"负性格。性格，以及阅历经历所带来的一些行为习惯，往往对天性形成"掩盖"。

读懂不同性格形成的规律，有助于区分天性和性格，对天性的认识会更加清晰。

哪一种天性，经由哪一类教育方式，形成什么样的性格，有着清晰的因果规律。对这一规律的揭示，是本书的核心内容。

同时，本书还将介绍：

1. 天性的遗传规律。

2. 性格出现"病"负的孩子，如何转正？

3. 具有问题性格的成年人，怎样找回自己？

不同天性的人，适合不同的沟通方法、教育方式、兴趣爱好和专业职业方向，这些在《你的蜜糖　他的毒药》那本书里有详尽的介绍。本书是《你的蜜糖　他的毒药》一书的进阶版，阅读本书之前，建议先读那一本。

了解如何判定孩子和成年人的天性和正"病"负，了解如何加入各城市天性俱乐部，请关注微信公众号"顺应天性"或"泡爸讲知识"，点击公众号下方菜单。

目　录 contents

001　发现天性的规律

002　天性的遗传规律

004　天性、性格和教育的因果规律

008　读懂天性的意义

013　负人性格

015　负 A：自私自利、讲歪理、不择手段

027　负 B：窝里横、不自律、骄傲自满

035　负 C：爱争执、不温暖、情感要挟

042　负 D：紧张焦虑、不耐烦、尖锐尖刻

051　"病"人性格

053　"病"A：多重人格分裂，亲密关系障碍

060　"病"C：依赖、胆怯、卑微，担心孤立

073　"病"D：逃避、幻想、冲动，害怕责任

084　"病"B：重复、犹疑、洁癖，害怕改变

093　正人性格

094　正 A

101　正 B

106　正 C

122　正 D

129　孩子转正案例

132　负 A 转正案例——强硬管教，让"小白眼狼"变得有担当

139　负 B 转正案例——窝里横也能变成自律典范

147　负 C 转正案例——抛弃那些以爱之名的伤害

154　负 D 转正案例——孩子，我从此跟你站一边

161　读懂天性　读懂人生

162　顺应天性　顺势而为

169　对角才是真爱

180　正人，疗愈"病"负的爱人

186　文艺是一种病

192　名人的天性与"病"负

194　当天性用于家庭和工作

212　什么样的家长最值得尊敬

217　成年人的"病"负转正

220　和解原谅课程

225　40 岁，因为天性找到自己

233　结识天性三年，我成功减肥 20 千克

240　和"病"负说再见

发现天性的规律

天性的遗传规律

藉由对大量案例的观察，泡爸发现，天性符合以下遗传规律：

天性对角的夫妻，即 A 与 C、B 与 D，所生的孩子，男孩的天性一定与母亲相同，女孩则与爸爸相同。

天性相同的夫妻，所生的孩子，天性与父母对角。

天性相邻的夫妻，所生的孩子，四种天性皆有可能。

夫妻天性对角的遗传规律中，男孩的天性，主与偏，跟妈妈完全一致；女孩的天性，主与偏，跟爸爸完全一致，属于复制的性质。

夫妻同天性的遗传规律中，不管夫妻双方偏哪种天性，只要主天性是一致的，孩子都是对角天性，而且是纯粹的对角天性，不偏左右。

简单的统计发现，不管样本数有多少，都不足以成为科学规律。

不过，如此清晰的遗传规律，足以预言：

天性，源自基因。

泡爸坚信，这一预言，终将被分子生物学所证实。届时，天性的判定，将会和血型测定一样简单。

分子生物学证实天性遗传规律的那一天，将是"惊悚"的一天。当下形形色色的教育学理论，将遭遇颠覆性的冲击。心理学也面临重塑的可能。

因为，不区分天性的心理学和教育学，几乎相当于盲人摸象；因为，同样的方法，施于不同天性的人，效果完全不同，甚至相反。

✿ 天性、性格和教育的因果规律

天性没有优劣，性格则有好坏之分。

性格与天性的关系是：天性是先天的，性格则在天性的基础上，由后天影响，尤其是成长期的教育所塑造。

顺应天性的教育，带来正的性格：

A，教育原则分明，基于压力和目标成长，成为坚强进取的正 A；

B，在严格的纪律规范下成长，成为坚韧勤恳的正 B；

C，在宽容有爱的氛围里长大，成为温情温暖的正 C；

D，成长于宽松自由的环境，成为快乐有趣的正 D。

简单地说，A、B 左脑要严，C、D 右脑要宽。如果教育方式用反了，则制造负人性格：

A 天性的人，原本最大的亮点在于目标感强、努力进取，然而，如果一个 A 未在压力和目标的指引下成长，却被施予"娇宠娇惯或缺乏制约"的教育，A 将成为负 A：自私自利、讲歪理、不择手段。

B 天性的人，本应坚韧勤恳、规则感强，然而，如果一个 B 未在榜样影响和规范约束下成长，却被施予"宽松和夸奖式"教育，B 将成为负 B：没耐心、不坚韧、不能受委屈。

C 天性的人，原本最大的亮点在于温情温暖、亲和力强，然而，如果一个 C 未能在温暖的关爱和宠爱里成长，却被施予"目标和压力式"教育，C 将成为负 C：爱争执、不温暖、感情要挟（亲近的人）。

D 天性的人，本应自在灵活、创意创想，然而，如果一个 D 未在自由放松、兴趣引导下成长，却被施予"严谨严格、强调规矩责任"的教育，D 将成为负 D：不放松、不耐烦、紧张焦虑又尖锐尖刻。

负人尖锐伤人，招人讨厌；"病"人则压抑自伤、令人同情。

"病"来自于粗暴、蛮横、摧垮自信的压制教育，成长期往往伴随着暴力和严重的情感伤害。"病"人性格，严重者成为医学意义上的精神疾病：

"病"A：多重人格分裂、亲密关系障碍——对应医学意义上的"精神分裂症"。

"病"B：重复、犹疑、洁癖、害怕改变——对应医学意义上的"强迫症"。

"病"C：依赖、胆怯、卑微、担心孤立——对应医学意义上的"忧郁症"。

"病"D：逃避、幻想、冲动、害怕责任——对应医学意义上的"躁狂症"。

如上因果关系规律，可以在孩子身上发现，也可以从成年人那里读到。

大量形形色色的性格问题、心理问题，都由逆天性的教育所导致。

泡爸观察发现，就当下而言，有"病"负迹象的孩子，大约在三分之二。成年人"病"负的比例，高于三分之二。

原因在于，一代又一代的家长们，仅从个人喜好出发，或受所谓"流行教育理念"影响所选择的教育方式，往往与孩子的天性需求并不吻合。于是，"制造"出一批又一批的"病"人、负人。

负人和"病"人都值得同情。因为，"病"负不是他的错，错的是逆天性的教育。先天的天性，并无优劣之分，后天的好坏性格，来自教育的影响，而非主动的选择。

希望读过此书的每一个人，都能明白：家庭教育的责任，首先在于培养非"病"非负的正人。

读懂天性的意义

    大约 40 年前，心理学界尚普遍认为，婴儿的人格是一张白纸，成年人的人格都是后天影响的结果。

    如今，已经很少有哪个心理学派不承认人格的"先天"成分。但先天的成分有多大？先天与后天如何区分？先天与后天的影响是怎样的关系？一直缺乏可信服的分析和总结。

    科学的发展固然日新月异，可供认识的空间，却总是广袤无限。人类对自我的认识，在"情绪、性情、心理"等人格角度上，远远不足。当下的教育学和心理学研究，尚处于非常早期的初级阶段，猜测的成分大于科学证据。

    未来某一天，"天性"将被分子生物学证实和发现，这一发现，其价值和影响将是惊人的。

    天性与生俱来，性格来自成长期的教育。一个人大脑发育的主要阶段，正是性格形成的关键时期。有理由相信：天性源自基因，性格在于大脑。成长期受教育的方式，顺应天性或逆天性，影响着大脑发育，并通过这种影响塑造性格。

形形色色研究人格的学说，因为没有区分天性与性格，将关注点聚焦于表象的性格，所以未能发现遗传规律，也无法找到好坏性格的根源。

未来，当天性被分子生物学所证实，对"大脑与性格"的研究会得到进一步的认可和加强。或有可能，在未来比较遥远的某一天，可以通过对大脑的医学检测，判定性格的正"病"负，乃至量化描述"病"负的程度。

在天性被证实和普遍认可之前，泡爸期望，天性及其遗传规律，天性、教育与性格的对应关系规律，能够帮助本书读者认识天性；帮助读懂天性的人，摆脱教育困惑，摆脱那些错误教育理念的误导；帮助那些在问题性格中挣扎的人，走出性格困扰，也走出心理学制造的误区。

读懂天性、知晓"病"负，则教育和人生，豁然开朗。

读懂天性，你会明白什么是真正的宽容：那些天性上的劣势缺点，与生俱来，不是他（我）的错，而是他（我）的痛。你将走出浅薄道德观的蒙蔽。

读懂规律，你会明白什么是好的教育：适合的才最好。同样的教育方式，对于不同天性的孩子，可能是蜜糖，也可能是毒药。教育的出发点，是孩子的天性，而不是家长的喜好。

读懂正"病"负性格，你会发现，世界上只有两种人：一种值得欣赏，一种值得同情。那些从内到外坦然、自信、从容的人，值得欣赏；那些具有性格问题、心理问题的人，则都是值得同情的人。因为，那不是他的错，那是他的煎熬。

读懂天性，你将更能发现人性的秘密、教育的意义和人生的美好。

"让成年人找回自己，让孩子不被扭曲"，是这本书的终极目标。

为什么有人无法理解天性？

无法理解天性的原因，一部分在于无法区分表层的性格与底层的天性。而另一部分，更深入的原因，则是对"正确性"或"多样性"的认识不足。

"正确性"表现为逻辑理性、科学性的表达，对难度深度的认识。认识正确性的能力，多表现为理科知识的学习，也可以被称之为"智商"。

"多样性"表现为情绪情感、文艺性的表达，对细腻感受的共情。认识多样性的能力，常表现为对文艺文化的理解，也可以被称之为（天性定义的）"情商"。

智商与情商的关系，跟量子力学的波粒二象性有所呼应。粒子，只有一种状态，要么对，要么错；波，则允许多种状态、多个路径。

"正确性"的思维模式，多从"粒子"的角度思考，所以对错感更强。

"多样性"的思维模式，多从"波"的角度思考，所以感受能力更强。

无法理解天性，原因往往在于对"正确性"和"多样性"思维模式的差异，认识不足。

"每个孩子都是独一无二的"，这句话常被用于反驳"天性教育"。但是，每个人也都是独一无二的，每个人的身体也都是独一无二的。那为什么要给不同的人，吃相同的药？教育是科学，不是文学。认识规律、学习规律，才能因材施教。用文艺腔指导教育，是一种反智。

"每个人都是相同的，没必要分 ABCD。"这种说法，也是反科学的。化学分出不同元素，生物学分出不同种属，医学找出不同的病因。科学认识，往往都是从分类开始的。

思考可以领先科学。当年达尔文根据有限的证据，推测出人类可能起源于非洲，直到 100 多年后，这一论点才被化石和 DNA 证据证实。2000 多年前，德谟克利特就认为，物质不是可以无限切割、无限变小的，最小的单位必须是原子。这个论断，直到 100 多年前才被科学验证。

思考需要科学证实。人类需要认识苍穹，人类更需要探究自我。每一个活着的人，都需要一个生物学意义上的答案。这一切，不能依靠人文或哲学获得。真正解释"人性"的科学，必定是纯粹的实验科学。迟早有一天，分子生物学将会清晰揭示天性与基因的对应关联。到那一天，对天性的判定，正如前面所说，将和当下血型测试一样简单。

负
人
性
格

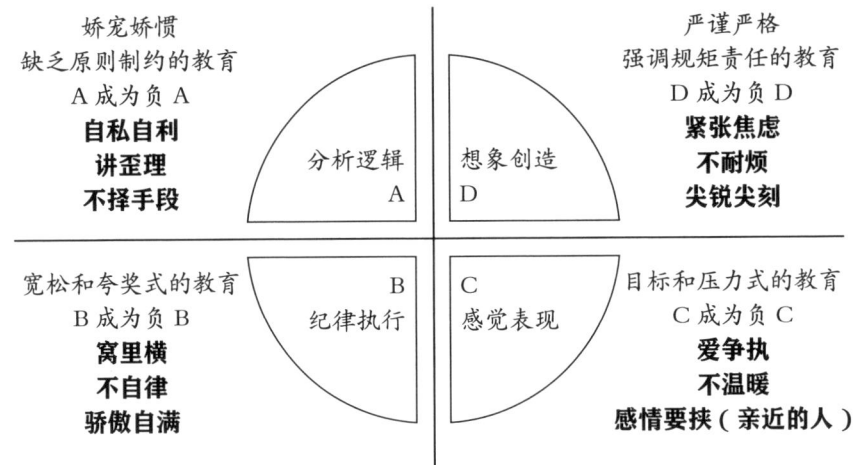

娇宠娇惯
缺乏原则制约的教育
A 成为负 A
自私自利
讲歪理
不择手段

分析逻辑
A

想象创造
D

严谨严格
强调规矩责任的教育
D 成为负 D
紧张焦虑
不耐烦
尖锐尖刻

宽松和夸奖式的教育
B 成为负 B
窝里横
不自律
骄傲自满

B
纪律执行

C
感觉表现

目标和压力式的教育
C 成为负 C
爱争执
不温暖
感情要挟（亲近的人）

　　"负"来自于错位的教育。不该宠的孩子，被宠了；不该严管的孩子，被严管了。或者，该宠的没有被宠；必须严管的，没有严管。"负"人，失去了本天性的优势亮点，形成了"尖锐伤人、不易相处"的性格。

天 性

✿ 负 A：自私自利、讲歪理、不择手段

A 的思维是理性的，逻辑关系和结果排在前面。要让他成为坚强进取、有责任心的正 A，靠的是正确输入准则和原则：己所不欲勿施于人、想要得到必先努力……

对 A 的教育，最好的方式是定目标、严奖惩、原则分明。不讲道理、破坏原则的行为，绝对不能姑息。严管的目的，不是制服他，让他变成乖孩子，而是让他出成绩。给了压力，也让他看到结果，看到成绩。他重结果，只要能够看到努力之后的成绩，他会欣然接受你给的压力。

娇宠纵容，会使他养成自私自利的负 A 性格模式。视环境条件的不同，负 A 或骄纵跋扈，或狡黠伪装。这些环境条件，在他眼中，只是假以使用、自我满足的工具。

宽容和宠爱，用在感性思维的孩子身上，会激发出回报的热情。用在 A 孩子身上，却会被他"利用"。对他而言，宽容就是

纵容。要什么给什么的做法，会让这样的孩子习惯于"不努力地得到"。他不会对惯着他的人"感恩戴德"，只会觉得所有人都该这样对我，老子天下第一。得不到我想要的，那就是你们的错。

还记得那一代小皇帝吗？自私、嚣张、满嘴歪理。他们大多是被宠惯的Ａ孩子。

重结果的Ａ，如果不能正确认识"付出与得到的关系"，他不会首选正当获取的方法，而会形成一套利己的歪理逻辑。道德规范，甚至法律准绳，都会被他的歪理无视。不客气地说，看守所里、监狱里，负Ａ最多。

有竞争心的Ａ，最大的人生问题是什么？是失去方向、没有成绩。没有成就、没有努力方向的人生，会使他自暴自弃。Ａ这一类，一旦自暴自弃，伤人伤己的能力最强。

养一个这样的孩子，却没能帮他建立起正确的方向和目标，没能输入正确的原则和准则，是家长最大的失职，不但荒废了他的天性优势，还会害了他。

那位曾经引起媒体巨大关注、因强奸入狱的某歌唱家的儿子，正是这样一个被宠大的负Ａ。

小区住户张楚证实了最近网上的一个传言：一位网友以XXX邻居的身份爆料了XXX骄横跋扈的几个故事：XXX高中的时

候在车库里和一同学打冰球。我正好开车下车库，球擦着我车身飞过去，我叫来保安制止他。XXX居然用冰球棍追着保安满车库地跑，保安叫来他家的保姆，XXX又用冰球棍追打他们家保姆。

李戈回忆，包括那次在内，XXX多次跟邻居发生过冲突。然而每次他母亲闻讯赶来，第一反应往往是把儿子抱过来，看看他是否受伤，然后才会抬出身份，为儿子了事。

半年之后，XXX就因交通纠纷殴打了一对夫妻。当时的XXX年仅15岁，并无驾驶证，却开着一辆没有牌照的宝马车。

14岁的时候，XXX便拥有了这台名为酷橙诱惑的宝马车。而送给他宝马车的，正是他的母亲。

未成年人不能考驾照，更不能无证驾驶。XXX的母亲不可能不知道这一点。然而，对儿子的溺爱让她忽视了这些。

……

强奸案事发后，XXX的母亲便改了口：我们对他过于溺爱。

XXX的奥数老师回忆说，她一共见过XXX的母亲两次，戴着墨镜的她总是急匆匆。第一次她说：交钱，我儿子学奥数。第二次她说：不学了，明天带我儿子去巴西。

XXX的一位车友告诉记者：XXX喜欢听改装后发动机的轰鸣，

负人性格

"飙车"是他们的一大爱好。然而，他却从不考虑这些危险行为可能需要付出的代价。

在撞人打人事件中，XXX大呼："谁敢打110！"事后采访中，耿泰然（化名）平静地说："这就是XXX。他能说出这话，我一点也不惊讶。"耿泰然是XXX的小学同学，从他的这句话中我们可以清楚地知道，XXX从小就专横跋扈，任性妄为。

四种天性中，A的共情能力相对最差。负A，则更差。他的关注点，往往只在于自己的目的有没有实现，而不是其他人的心理感受。指望用情感打动他，跟他说"将心比心"之类的话，基本徒劳。对他，原则清晰、奖惩分明，才是最有效的方式。

A的歪理逻辑，在如下家庭案例中，有很清楚的体现。因为感受和共情能力不足，负A往往连别人的关爱和让步都体察不到：

小时候爸爸妈妈工作忙，很少管我们，奶奶照顾我和弟弟。我很容易嫉妒别人，总担心别人超过我。即使对我弟弟也一样。那时常听人说重男轻女，我就很担心爸爸妈妈对弟弟比较好，对我不好。

我从小脾气就很硬。印象最深的是有一次不知道要求奶奶什么，奶奶坚决不同意，结果我就跪在地上大哭，奶奶不理我，态度坚决。我就拿自己的头往地上磕，用自残的行为，希望引起奶奶注意，希望奶奶能够妥协，没想到奶奶还是不理我，我又使劲磕了几下，砰砰地响，真痛，但奶奶还是很镇定地做她的事情，完全不理我，我气得大哭，从那以后就很讨厌奶奶。

在学校，我表面很乖，但对男同桌很凶，我不许他们超过"三八线"，谁欺负我，我会把他们的手掐淤青，会把他们抓破皮流血。我也不许别人欺负我弟弟，有一次，发现弟弟在路边哭，他说大胖欺负他，我就抱着他站在路边哭。直到大胖的妈妈下班路过，看见我俩承诺回家一定惩罚大胖，我才心满意足地带着弟弟回家。

我还打过架，初中的时候，我的前桌，一个个子矮小的男生，曾经拿痒痒草挠我脖子，我气急了，捏他、抓他，还踹了他屁股（呵呵，不知自己哪来的勇气）。班上同学都看我们俩打架，没人劝架。踹完他屁股，我安静地坐回座位。

妈妈因病去世后，我的学习更放松了。家里没人时，晚自习回家就看电视，作业做不完就抄，上课太累了就睡觉，还迷上了琼瑶。这么放松的同时，心里也很有罪恶感，担心自己跟不上，考不好。但爸爸一点也不知道，也不管我。

　　　　　　　　　　　　　　　　　　　　负人性格

毕业后工作很难找，好不容易找了个节目编辑的工作。节目编辑的日子很辛苦，节目设置、写稿、联系主持人、服装化妆赞助、联系拍摄、后期制作等都需要我一个人操办，每天早出晚归，通宵加班，很累。

我就是在这段艰苦时期认识我家先生的。他是台里的摄像师和编辑，总是默默地在一旁帮助我，帮我做节目，陪我加班，我身体不舒服时，他很着急，帮我问他的医生同学，熬茶送水。我当时还在读夜大，在夜大的三年时间里由于学校离家太远，他只要没加班，就负责接送我，整整 3 年。

最让我纠结的是他的长相，我想象的另一半不用太帅，但也不能太难看，身材要高，对我好。但他的长相真不好看呀！他很沉默，看起来很老实，所以我一直没有果断地拒绝。有一次，我们经理对我说："他真是个很不错的人，除了长得丑了点，其他都挺好。但是丑有什么关系呢？两个人在一起主要是看性格合不合适，长相根本没什么。"我想想，也对，主要是对我好，我很急躁，爱发脾气，家庭也不是很完整，能对我这么耐心体贴的，估计也没几个，于是接受了，3 年后结婚。

刚开始，我很喜欢老公家的氛围，轻松随意，公公婆婆

天性

都是好人，婆婆个性有些像老顽童，迷糊，公公唠叨但心眼很好。

渐渐对老公不满是因为他经常加班，不在家。为了加班的事，我们争执了几次。我觉得他的加班有一大部分是他自己造成的。他的领导我认识，不喜欢，总是不顾现实和别人的感受，自己想着什么就什么，指挥着一堆人受累。他是领导，不了解实际情况，随便出主意，变计划，只出张嘴，下面人加班加点加通宵，而且摆明欺负老实人，让我十分气愤。

老公性格不会拒绝，领导派的活，有时明明知道规定时间内完不成，他也接。然后把自己累趴，起早贪黑，哪吃得消呀！我好几次发短信告诉他："有时候该拒绝就拒绝。"他都不回短信，我也不知道他想什么。

发了几回短信，还是这样的状态，我开始窝火，语气变得尖锐、气愤。渐渐地，他也开始反驳，说领导说的，他只能照办，我觉得他的观点站不住脚，领导说的不是都对，错了为什么照办？但我能感觉他不开心，压抑，也想改变一下对他的态度，只是下次再遇到同样情况，我还是忍不住唠叨他。

和他的矛盾，都是些鸡毛蒜皮的小事，但我觉得在家里，这是大事。他上班积极，对同事同学热情，几乎有求必应，但家里大大小小的事情，都是他老爸老妈干的，让他做个啥都不会。我工作不顺利，回家找他报怨这个怎么样，那个怎么样，他只会说："那你下次就不要这样，工作就是这样有什么办法！"

对他的不满不断积累，对他发火，和他冷战，他似乎也无所谓。我觉得他太过分了，婚前婚后两个样。总之，我很失望，这不是我要的婚姻呀，我想找的是个能照顾我的，给我温暖的；当我遇到问题和困难时，能帮我分析，帮我出主意的；当我难过的时候，能给我肩膀让我依靠的；快乐时，能互相分享的。这根本不是我要的，我对他越来越不满。他爸妈不知什么原因，只要我俩吵架，他们都会让他儿子让着我。

结婚一两年了，我都没打算生孩子。第一，我觉得照顾孩子太麻烦，我不会也不想照顾孩子。第二，对于老公是指望不上的。

当然后来还是生了。怀孕期间、带孩子的时候，我对他的不满越来越多，觉得他变了，不关心我，一点小事都不会做，不会就算了，还不懂得安慰或者说点好听的。于是开始各种闹别扭，到后面变成了我会指挥他做各种各样的事情，而且是非常蛮横的指使。他不耐烦，他爸妈也不耐烦，但我的想法是你们都不会做，不会安排，只好我来安排，要不然怎么办呢？

自私自利又缺乏同情心的负 A，常常伤人而不自知：

我觉得自己不是读书的料，因为我没毅力，没耐心。我还懒、冷漠，对什么都无所谓，不争取、不上进。

读书的时候，我算是交游广阔，男女关系都还可以，不同专业不同班级都有人认识。可大缺点也有，我太冷淡了，很少能长期维持下去。就是好友闺蜜，也只是偶尔打个电话，催急了才聚一下，我就一懒货。

初恋是 N 次相亲后认识的，也是我第一次心动。两人谈得好好的，都有意愿结婚，不过他在很远的外地工作，他想让我过去陪他，我矜持了，没答应。

再后来我经过认真思考，认为他虽然能力很不错，但却是很骄傲的人，很固执。我呢，虽然外表温和，但在爱我的人面前很霸道、很顽固。所以我们俩可能不合适，我思想上摇摆了。

再后来他说他住院了，当时我很想过去照顾他，但我怕家人不同意骂我傻，毕竟八字还没一撇呢。过了好长一段时间再通电话，他跟我说他大学的女同学去照顾他了，我听了很生气，提出了分手。然后碰巧我手机被偷了，也就断了联系。

他两年后娶了老婆，我听说后心里很不舒服，为了走出来，很快主动跟一个同事交往了。

这是一个很温和的人，跟他在一起我很轻松。但我二姐不喜欢他，说他太瘦太白肯定有病。后来才知道还真有遗传病，严重的话会瘫痪。

我当时听不进去，倔强地要和他在一起，我爸妈对他的人品很满意，但我妈经过打探，了解到他的外婆、他妈还有他舅舅的儿子都有强直性脊柱炎。我静下心来去查网络资料，看完也害怕，于是在他们来提亲的那天后悔了。我让我妈回绝了他们。我内疚了很久很久，但是都放在心里，表面上没事！

他伤心地辞职了，说他恨我又爱我，给了他希望却又把他一脚踢入地狱！我哭着跟他说，我从来都没骗过你，我找你是因为想走出失恋的阴影，你一开始就知道，你的身体健康我自己不介意，但我介意我的孩子，我没那么坚强，对不起。

我妈担心我，又介绍了一个。我先回绝了，但那人竟然固执地找人到我面前说好话让我接受他，就这样他纠缠了两年，这时我已经27岁了。之前我计划过要在28岁前嫁掉，又有些被这个纠缠了两年的人打动，于是同意交往，但我还是不喜欢他。心里想，反正年纪大了那就嫁了吧。

他给我买了很多东西，也很宠我，什么事都抢着干，而且把我盯得很紧，还会撒娇！可到谈婚论嫁谈聘礼时，出状况了，他的父母不同意我提出的聘金，要让他自己去借。我不明白，他们可以替大儿子建一套别墅式的房子，为什么他的聘金就要自己去借？而且他挣的钱也交回家里的。我认为是他父母不喜欢我，找借口罢了。所以我更犟了，坚决不退让，聘礼一分不能少，如果借也必须是以他父母的名义借。

他为这事愁白了头，一次次回去跟父母交涉。再后来他跟我说他只能自己借钱，他父母没钱，不跟他们要了。还说他父母让他去相亲，我说随便，于是我也去相亲。可他又常常来我家守着，看我有没有去相亲，那段时间，我感觉快被他逼疯了。

过了年，转眼我28岁了，我妈又帮我相了两个人，其中一个就是我老公。之所以会选择我老公，①他是当地人，有房、独子、家庭事儿少；②他性格温和会取悦人；③他会做家务活；④累了想嫁人了。就这样，闪婚了。

而那个前男友却还一直在纠缠，直到现在。后来他表弟打电话让我劝一劝，说他住院了，精神失常，闹自杀，不肯配合治疗，胃大出血！我怕了，接了他的电话。我跟他说，我们来个 3 年的约定吧，你用实际行动来证明我错过了你！约定在 XXXX 年 X 月 X 日下午 X 时在 XX 见面，在此之前不要联系。

他是我的梦魇（请站到对方的角度想想，你是不是他的梦魇？），一直纠缠了 8 年。说这些，也许是有一种自我陶醉的成分在吧。

A 有竞争心，负 A 也好胜。他是很在乎身份地位、自身价值和影响力的人。但他既缺乏理解、感受他人的能力，又没有学到正确的、积极上进的"出头"方法。所以，他"寻找自身价值"的方式，常常是宣泄、破坏和攻击，与周围为敌、与社会为敌。他的歪理又常常让他觉得自己是委屈的，破坏和攻击都是应该的。

✿ 负 B：窝里横、不自律、骄傲自满

B 天性的思维是线性的，既不跳跃，也不感性。对 B 而言，规矩和流程是最重要的。给了良好的规矩，又教了细致的方法，有权威可听从的榜样，B 会成为踏实勤恳有韧性的人。正 B 都是纪律典范。

随性而缺乏规矩的教育，夸奖鼓励而缺乏约束指正的教育，不但会使 B 丧失本应具有的勤恳和韧性，还会使他变得茫然又自以为是。弱势下脑的 B 天性，侵犯性没有上脑那么强，但负 B 是欺软怕硬、窝里横的典型。

教育 B 孩子，最好的一句话是：只问耕耘，不问收获。做好过程，结果自来。

他不是那种可以凭借兴趣的指引找到方向的人，跟爱好广泛的 D 天性孩子不同，B 孩子更乐于、也更能够坦然接受家长的安排，按家长指定的方向前进。这样的孩子，尤其需要家长耐心的

了解，发掘他的强项所在，并引导他发挥 B 天性的优势，在强项上努力。

当下，对这类孩子的教育，受流行教育理念的冲击最大。目前流行的教育理念，是宽松宽容，培养创造型思维。但是，规矩听话的孩子，他的优势跟创造性一点关系都没有。他的优势在于：坚韧、细致、服从、有吃苦精神。而这种优势的体现，必须经历严管、细管的过程。必要的督促、严格的管理，才能培养出良好的执行力。给的空间过大、自由度过高，会让这类孩子无从展现自己的优势。

所谓宽松宽容的教育，不过是对以前填鸭式教育的反叛。如果不区别教育对象的天性，宽松宽容一样会伤人。放松自由，是对 B 的伤害。

被夸大的 B，生活在鼓励赞扬中的 B，经历自由宽松式教育从而没有养成严格纪律习惯的 B，会成为负 B。

失去了 B 天性坚韧吃苦的优势，负 B 往往对自己要求不高，却又对他人百般挑剔。这种挑剔和"欺负"，常常会施予比他更弱的人，诸如家庭成员和工作关系中的弱者，尤其是他的孩子。

如下这个案例，充分展现了负 B 的"窝里横"：

我先生，外人评价非常好，随和、不爱争论、没毛病、好相处。对孩子也还算不错，至少态度说得过去，只是没什么热情和兴趣，不怎么管孩子。但是，对我，却蛮横霸道、完全不讲道理。挑剔较真，一丁点儿小事，他都要盯着我说半天，抱怨、责难、骂人，长期如此，真的让人受不了。

我有时候会激他：有本事出去跟别人横啊？只敢跟自己老婆横，算什么男子汉？每到这时候，他又摆出清高的姿态，一副不屑于跟人争的样子。其实我知道他是不敢。

别看他在外面待人很热情，其实我知道他很冷，那只是表面的客气，想用感情打动他，很难的。这么多年，我一直对他很温暖、很迁就，但是一点用都没有。我真是为此想不通：即使是块石头，这么久了，也该被我暖热了不？

宽松宽容式的教育，用在自由随性的 D 孩子，恰当自如。但是，用在 B 孩子身上，问题就来了。

我爸是典型的负 B，欺软怕硬，在外面对别人客气得要命，只敢在家里耍横。他又不敢欺负我妈，因为我妈是比较愣的 A，所以，负劲儿都撒到了我身上。他事业失败，情绪压抑，我成了出气筒，经常挨打。

所以我一直对蛮横的教育、压力大的教育非常抵触，有了孩子以后，我立刻接受了"自由、有爱、接纳"的教育理念，

负人性格

对两个孩子都很宽松，少规矩、多自由。

但是，没想到，这个理念用在两个孩子身上，效果截然不同。

姐姐是 D，今年 10 岁，很享受我对她的这种教育方式。虽然也常常被批评规矩不够，但我知道她是快乐的、放松的，或者说是自洽的，心理很健康。她做事情有度，大方向上都是对的。只是有些时候有些小事管不住自己，这是 D 人的天性嘛。

但弟弟就麻烦了，弟弟是 B，今年 7 岁。在幼儿园、学校里，这孩子那叫一个乖，天天被表扬。但是在家里，嚣张得很，成天跟姐姐干仗。我开始以为是姐姐不对，不懂得让着弟弟。可是后来我发现，很多时候问题出在弟弟身上，他太没有规矩，太自我自大，要求太多，姐姐满足不了，他居然还会动手。

半年前泡爸告诉我要严管，对待 B 孩儿，一定要有纪律、规矩，要"制服"，不然他会越来越难管，未来还可能成为我爸那样的人，我没听进去。

现在麻烦真的更大了：他在家里越来越没规矩了，各种不听话、不服管，甚至开始欺负我……不高兴了，居然还会动手

天性

打我，已经出现了管不住的倾向。虽然，在学校里、在外面，他还是一如既往的乖巧、守规矩。我开始担心了，他将来不会真成为我爸那样的人吧？

负 B 散漫，对自己要求不高；负 B 敏感、受不得委屈，常常自觉憋屈吃亏，并因此责难他人。

我童年是个特别高傲自负的孩子。

因为我妈时不时地夸我，即便是点小聪明，她也能把我夸到天上去。因为我妈好强，事事她都不愿输于人。

我妈夸我之后吧，我就开始有什么都会打小报告，例如邻居家的孩子作业没有完成，被老师批了，我回去就告诉我妈妈，以显得我比那孩子强。

然后过了几天。那个邻居的孩子就找我了，他问我，我为什么要告诉他的妈妈他作业没有做。我特别奇怪，说我没有说过呀，后来才知道，是我妈和邻居说的。我特别埋怨她，也恨自己，我恨自己为什么要告诉我妈，但是我又忍不住不告诉。

我妈还经常在我家的亲戚朋友面前夸我，说我这个好，那个好，常常夸得我尾巴翘上天。到现在我都是迷茫的。我本身到底是什么样子的？为什么这些好，在我妈的眼里有，在别人的眼里我就没有呢？

其实我挺希望我父母能和我私下说我哪里好，而不是告诉别人。夸奖的话，如果是别人口里说出来的，可能还更真实些。父母夸我，可能就是为了给他们自己脸上贴金。回想起来，我就像是在假象里长大，一直没有找到方向。我想努力，但我没有方向，没有人引导我。我有的时候觉得，只要有人给我方向，我可以做得很好的。

我妈虽然会在外人面前夸我，但她很少真正管我的学习。

初中的时候，我成绩还可以，但到了高中以后，就不行了。同桌同寝室的人，我觉得和他们玩不到一起。虽然整体的同学关系还是好的，但是没有知心朋友，成绩也下降得很快。接着我都跟不上老师了，我开始玩了，干脆就不学了。

放假回到家的时候，我就骗我妈，我说我在学校成绩挺好的，我妈就高兴。真是好糊弄，一骗她就信。后来我没有考上大学，我妈和我爸都觉得特别奇怪，为什么他们这么优秀的孩子没有考上大学呀。

我的个性太好强，但是很多时候都没有道理。不过，不管有没有道理，我就是喜欢别人听我的。我也不给别人讲道理、申辩的机会，所以做我的手下，其实挺难的。

我让手下受了不少苦，我做平面设计工作的，前几年带了几个人。他们都受不了我的脾气，然后离我而去。

我希望和别人合作，但是我又怕合作。如果不成功我何必听你的，但是如果听我的，我也未必能成功。所以我痛苦，我的沟通有问题，只能一个人做到底。如果合作，就开始出问题。应该是没有包容心吧，或者按泡爸书里说的，那个人没有成为我的权威，或者我只信权威，我无法面对内心的自己。

我知道这样不好。我像惯性一样去说很伤人的话，然后很后悔，表面上我不会承认，但是在心里痛苦。

所以我讨厌自己。

我希望有空间但是我又怕这个空间太大了，没有和榜样成为朋友，没有人做我的榜样。我活在别人的看法、说法、想法里，我找不到点可以支撑自己，我没有方向，我不知道哪个是对、哪个是错。心里有太多的我了，我像个东拼西凑的我，零件组装的我。

所以我不受欢迎，对吧？

现在，我发现我身上的缺点，我儿子身上都有。他的脾气、很多的毛病太像我小时候了。

所以我常常无法忍受他，他的那些小错，包括那些和我一样的坏脾气，总是惹得我发毛。我承认，我经常打他，有时候

　　　　　　　　　　　　　负人性格

直接打耳光，还有时候，比打耳光更狠。

有时候，负 B 能够表现出好玩有趣的一面，比严谨的正 B 看起来放松。但是，这不是他应该具备的亮点，这种表面上的"好玩有趣"，消磨了他本应具备的 B 天性亮点，却并不能给他带来 D 天性的真正优势，他没有那些 D 天性的真正冒险精神和冲劲创意。失去了严谨坚韧、务实认真，是 B 天性人巨大的损失。

❖ 负C：爱争执、不温暖、情感要挟

C 的思维是感性的，他最在意感觉感受。他是最懂得情感回报的人，"得到的爱越多，付出的能力越强。"在关爱和宠爱下长大的 C，温情感性、温暖善良。

没有原则的宠爱，会不会把 C 宠坏？一点都不用担心，从来没有宠坏的 C。被宠的 C，越宠越善良。而且，给足了爱的 C 孩子，也会努力。让他拼搏的动力，是对爱的回报，而非 A 孩子那种出人头地的竞争热情。

目标化、严奖惩、逼他努力，会令 C 孩子很受伤：你都不爱我，为什么我要听你的？缺乏情感关怀或过于严格严厉的教育，会使他成为负 C。负 C 争强好胜，付出爱的能力不足，却常常处于情感受伤的心态中，"我对你那么好，你却对我那么不好"。这种"情感受伤"，常常成为他对别人的"要挟"。

补短纠偏的教育者，对 C 孩子的管教热情，总是聚焦于"自立自强"：努力上进、坚强理性、自己的事情自己做。

然而，C 天性的孩子，在努力、坚强和自立等方面，既达不到 A 天性的要求，也没有必要按同样的"规格"管理。C 孩子抗压能力差，但善解人意。猜人心思、"善演爱演"的能力，在压力之下，往往会被错用。过大的压力，会令他变得狡黠、逢迎。爱说谎的孩子，多是被压力"逼迫"过的 C 孩子。

被宠大的正 C，有充足的能力付出爱。而成长过程缺爱的 C，却在应该付出情感关怀的时候，仍然不恰当地索取。他的温暖、温情、擅于沟通的优势，难以展现，反而变得外表强硬、内心敏感，特别容易情感受伤、情绪失控。

泡泡的一位同班女同学，典型 C，刚上小学时，还是个天真烂漫、爱笑爱跳的小孩，5 年之后，由于不断被 A 妈妈强势要求又未得到足够的关心宠爱，早早地成了负 C。11 岁的孩子，却总在微信朋友圈发这样的内容：

我没做错事，那就别骂我。等我哪天离家出走，跳楼自杀，你们就开心了！

粉笔一掰就断，朋友也一样。过好自己吧，不寂寞。

你们的每一天都是快乐的，我却总是失落地过着每一天。我为什么希望别人能安慰我？因为不管伤了哪里，我的家人都不会给予我安慰。我的心总是碎的，我想得到朋友的怜悯，我说这些不是为了博同情，只是希望我的朋友了解真正的我，我会把我缺少的关心都补在我的朋友身上，所以我会特别关注我身边的那个人……如果你们觉得我没必要这样做，我会改，如果觉得我没必要出现在你的生活中，我就离开好了……

还好朋友呢！好个屁啊，为了骗我，什么招都使上了，真是太逗了。我还什么都告诉你们，呵呵，到最后，还是我自己一个人，还什么闺蜜契约，谁稀罕和你做闺蜜，为了骗人，亲人都用上了，还说请你们去 XXX，去个屁啊。呵呵，我真是老眼昏花了，没看清你们这群恶魔。好在毕业了，我们也不在一个学校，我也是，早该滚了。

不知为何，自己永远装作表面强悍，可只有自己知道，自己的内心有多么脆弱不堪，一碰就碎。自尊，好吧，我是个爱面子的人，我不是女汉子，我的表面只是用来掩饰，掩饰一些挥之不去的事实、隐私、心结。我是要脸的人，我的"脸"不是用来当拖把一样拖来拖去的……不知为何，我对所有人都是仇视的，我只能故作强悍。原谅我，我不是真想这样，我也是被逼的……

这样一个 11 岁的孩子，竟然会写下绝交书拿去让全班同学

——签字，自称从此再也不需要朋友。这种极易受伤、痴迷于"情感要挟"的负C，未来在亲情、友情、爱情任何一种情感关系中，又怎能不是一个"麻烦制造者"？

经常能感觉到有两个内在的我打架，一个叫自己不要发脾气，一个忍不住很伤心要发脾气。我最大的问题是容易受伤，常常感觉到非常大的情绪压力。有时遇到这种情况，我也会试着鼓励自己、劝告自己：别发脾气、别做傻事。可是大多数时候会控制不住自己，因为那种被亏欠、不被理解的感觉太强烈了。

这时候，越是亲近的人劝我，我越听不进去。因为我觉得他们不理解我。他们的不理解，才是我伤心难过的原因，而他们却还在跟我讲什么是非道理。所以我都会直接叫他们不用说，说什么都没有用。

关灯后我经常会忍不住哭，泪腺超发达，晚上可以哭很久很久，有时候甚至会觉得生活没啥意义，为一些事情想过跳楼，一了百了。

回想起来，我人生的几乎每个阶段，都曾有一个时期因情绪问题过得很惨。

负C内心脆弱敏感，表面却坚硬好强。但负C表面的强硬，常常被自己的情绪化击垮。

从小自感卑微，一边努力上进，一边压抑自己，但是又常常控制不住自己的情绪。朋友说，第一次见你楚楚可怜，后来才知道你是个"泼妇"。常有朋友劝我把脾气改一改，说我们跟你熟，知道你性格才不计较，不知道的，你这火爆性子很容易得罪人。但我曾经固执地认为，懂我的，能接受我，我就是说话直，没心机。不懂我的，我也不需要他接受。

我出生在一个普通农村家庭，亲妈在我6个月大时因跟爸爸感情纠纷自杀，后来奶奶带着我生活。家里经济条件很差，爸爸爱打牌，赚的钱很多都输掉了，有时候学费都是亲戚接济的。

后妈是个很计较的人，经常念叨别人的不好，这个占她便宜，那个太没良心。对我也是温暖少、责骂多。后妈带来一个姐姐，小时候姐姐胆子很大，常惹事，后妈叫我监督她顺便打报告，我很讨厌打小报告，况且打了报告姐姐也会报复我，但不打报告的结果，就是两个人一起挨打。

我对后妈是很矛盾的，虽然她也让我读完了大学，但是我又很害怕面对她，每次回家都很压抑，小的时候是忍，大一点时会吵，曾经跟她发生过一次很严重的争吵。

......

我特别容易情感受伤，受伤的时候，很难控制情绪。

大学毕业后我在一个镇上教书，当时那个学校学生素质比较低。别的我都可以忍，有人当我面骂那 3 个字我就无法忍受，因为我对我亲妈的事特别敏感，尽管我知道那只是一句特低俗的骂人话，但我受不了，最严重的一次我当众甩了那个学生一耳光，然后精神崩溃，回了宿舍。

晚上两个领导来看我，拉我出去吃饭散心。据他们后来说，我那天空腹喝了一斤白酒，不省人事，被拖到医院打了三针，打针之前医生告诉我同事说我打完会有比较大的反应，同事问什么反应，医生说你到时候就知道了。反应是我扯着嗓子嚎叫，当时意识居然是清醒的，但是我控制不了自己的情绪，一直到现在我都没有勇气问我同事我当初究竟有多荒唐。

那次醉酒我好像在床上躺了 3 天，后来我不顾家里人的意见任性地辞职了。幸好我老公（当时是男朋友）没有泼我冷水。很多人以为我是因为爱情辞职，我心里清楚我是因为受伤。

选择老公是因为他心眼好、人品好、有责任心。他不跟我吵架，有事情放心里，很自律、理智。我不同，我啥话都要说

天性

让成年人找回自己，让孩子不被扭曲

出来，兜不住，所以他基本上可以根据我脸上的表情和话语的多寡来判断我的心情。但要他猜我为啥生气是白费的，基本上猜不到。他改变了我很多，我曾经很爱争执易生气。

对他的埋怨在于他不能理解我的脆弱，他太理性，所以吵架也是讲道理，我跟他说过我发神经、我脆弱哭泣的时候别说道理我听不进，抱住我别让我挣开就好。他不是，讲道理，叫我要坚强，不要老想着过去。他认为这样是对我最好的。而我认为我其实已经放开很多了，但总有抽筋的时候啊！一年发作个一两次，你就不能给点爱吗？

负 C 感情充沛，却很难控制自己的情绪，一点小事、一个细节，都可能令其感到受伤、感到委屈，从而爆发，从而做出令他人失望、令自己后悔的行为。那些在恋爱中各种无理取闹的人，几乎全是负 C。取闹的方式，多是"情感要挟"：看看，我如何如何被你所伤。

骂人也是负 C 常用的情绪宣泄方式，尤其是负 C 男。他们骂人的目的往往集中于情绪宣泄，既不追求结果，也对"把事情做好"毫无帮助。

　　　　　　　　　　　　　　　　　　　　　　　　负人性格

✿ 负D：紧张焦虑、不耐烦、尖锐尖刻

D 生性自由，他的思维是跳跃的。他需要宽松环境、自在空间，需要宽容鼓励式的教育。在这样的教育中长大，D 会成为快乐有趣、极富创意创想的正 D。

以批评打压的方式教育 D，用逼迫压制的方法培养所谓"规矩、认真、耐心"，会使 D 烦躁难安，并逐步转化为紧张焦虑又尖锐尖刻的性格。

D 天性的孩子，灵动、随性、悟性高，自然也显得急躁、马虎、没耐心、兴趣转移快。所谓"兴趣是最好的老师"，这句话用在 D 天性孩子身上，最合适。只有兴趣不但会给他方向，还会给他成绩和成就。他不是那种靠执行力取胜的孩子，"热情"才是他成就的动力和保障。

教育 D 孩子，必须放松规范和约束的标准，不伤人、不伤己，不破坏环境，足矣。

天 性

让成年人找回自己，让孩子不被扭曲

D 孩子需要共情，需要被理解。给他鼓励支持，站在他的角度立场去看待那些规矩规范和条条框框，他反而会因被理解而表现出更高的容忍度。

批评打压和逼迫压制，是对他的压抑。这种压抑，既带来反弹，也制造纠结。纠结矛盾是负 D 极大的痛苦。内心渴望自由放松，但每一次自由放松，都会引发自我怀疑。常常为责任压力所累，却又不敢轻易放下，直至爆发失控。愤懑和怨气也伴随着他，使他变得尖锐尖刻。

如下案例中的负 D，令人讨厌，却很可怜。

我妈对我的教育很严格，从小有什么不合她规矩的就是面壁思过，要不就打屁股。我妈很喜欢把我的缺点讲给别人听，老是在别人面前数落我，说我这个不行那个不行，我就感觉很害羞。我觉得我现在很没自信，就是这样造成的。我如果不确定自己能做好，或者不确定在这一个群体中是做得最好的，我就会隐藏自己，不把自己的爱好特长显出来。

到目前为止，我过的全不是我自己喜欢的生活。什么事情，我妈妈都不让我自己做决定的，包括选专业，包括选丈夫。所有人生大事的决定，都是我妈做的。她还说不听老人言，吃亏在眼前。

　　　　　　　　　　　　　　　　　　负人性格

我特别爱胡思乱想，但是我想的东西通常是不着边际的，我喜欢看天空，从很小的时候开始就爱上了看天空。我想法很多，老是不安于现状，但是没有一样敢去实施。我妈说我没心没肺，脑子简单。有次去看中医，医生说我思虑太多，我妈说："她思虑多？她脑子简单得很，根本不会动脑的。"

　　小的时候跟我妈吵，我妈就会到处宣传，说我怎么不听话，然后让亲戚来调停，来做我的思想工作，让我向她道歉。亲戚们也都说，不管父母对还是错，他们都是为你好。就从出发点来讲，你也不应该顶嘴。所以每次吵架都是我低头认错。我其实个性很倔，但是我妈管教我特别严厉，就把我的倔劲全去掉了。在我妈面前只有惟命是从，但是在别人面前就要强得很。

　　由于从小就没叛逆过，所以没怎么跟父母起过冲突，也没发觉自己有那么多的毛病。后来生了女儿后，看的育儿书多了，就越来越反感妈妈的育儿方法。跟妈妈的矛盾渐渐多了，吵得也多了，我的缺点也渐渐显露。我才发觉我真的一无是处。

　　我不擅长表达自己的情感，从不会对别人讲我内心的感受，感觉说自己的感受就好像是脱光了站在一个人面前，会令我很不自在，很没有安全感。我喜欢一个人也不会表达，恨一个人也不会表达。所以我能很好地调节自己的情绪，通常会把不愉快不高兴压在心底，骗我自己我很开心。但事实却是，我这人很悲观，是我把不高兴的事强硬地压在了心底，变成心底的垃圾。

我一直都不敢大胆地表现自己。单位里有什么比赛，其实有些我还是挺擅长的，我也不会去报名。不敢上台表演，也不敢在别人面前唱歌，很容易紧张。

其实我内心是有热情的，我很渴望自己能把事情做到最好，让别人注意我，可是行动上却不曾这样表现过。总是表现出不想参加，表现出很不热情。其实原因我知道，我太紧张，太不放松。

我特别不喜欢做别人指派的事，如果是我不喜欢的，我一定敷衍了事。我这个人不太会要求别人干什么，也不喜欢打扰别人。自己能解决的事一般都是自己努力解决。所以有的时候我想做的事别人不同意，或者别人让我做的事我不喜欢，虽然嘴上不说，但是会以行动表示反抗。你不肯，我就自己做，不管你怎么说，我当没听见。而且我这个人说话刻薄，别人要是让我不爽，我就一定要说得他也不高兴、也不爽为止。

负人性格

在人际交往上我也很白痴。我不会拍马屁，不会跟年纪大点的人或者是领导讲话，看见他们就怕。曾经一段时间，领导处处刁难我，同办公室的大妈也处得不好，总是处于冷战状态。对于人际交往，我真的好痛苦、好彷徨，极度焦虑。在家里跟老公的关系不好，跟爹妈的关系也不好，跟婆婆更相处不好。而且我觉得自己特别小心眼，但是有时候又很马虎、神经大条，经常不自觉地惹到别人。妈妈又经常数落我的不是，导致我一度沉迷于寻找心理帮助之类的，后来又接触佛法，但是还是没法改变自己。人际关系仍然是我最大的困扰。

跟老公的关系一直不冷不热的，而且因为他的出轨导致了家里很多的矛盾。我婆婆把责任推到我身上，说是因为我太懒，不做家务。所以从那以后我踏进婆家门就不叫她不理她，我恨她。因为我老公是我妈看中的，我一直都不是很喜欢，又出了这样的事，所以我把责任推到我妈身上，跟她吵，说是她逼着我嫁这个男人的。曾经我一度想离婚，觉得离婚就是我跨出成长的第一步，我要反抗，我要活出我自己。可是我要离婚我妈又不肯，也没有任何人支持我，所以就这样不死不活地拖着，我也打定了主意只做表面夫妻。你让我过不好是吧？我就不让日子好过。

天性

负 D 对约束极其敏感，但却并不能使他对别人宽容。负 D 常常想要"从现实逃走"，但现实生活中的负 D，又有着很浓的负能量。

"他简直浑身是刺，看谁都不顺眼，看谁都能挑出毛病。却又当面不说，背后妄评，还是典型的常有理。"

如下案例中，一个曾经快乐活泼、极富创意创想的"孙悟空"小孩，在妈妈严谨严格的管教和指责下，变成了紧张焦虑的负 D，之后成了另一个焦躁、强势、过度严厉的妈妈。

妈妈很爱干净，规矩很多，家里的事情不按她的想法来就肯定不行，她会训斥、会生气、会发火、会打我们，最恐怖的就是掐大腿里面，很疼的。

爸爸也得听妈妈的管，有时候矛盾大了两个人也会吵架，偶尔会吵得很凶。

姐姐上小学的时候学习很好，是学习委员，妈妈不太为她的事操心。反倒是我，上学是妈妈找教育局长批的条子，早上了半年学，还是重点小学。上学第一天就被老师留校，因为上课教同桌用手指头丈量桌子的长度。我小学上课搞小动作、说话、不听课，经常被留校、被批评，妈妈会因为这些事情打我。

我不太跟女生玩，喜欢和男生玩，翻墙去公园玩、弹玻璃球……成天天马行空地想这想那，不听课，但学习成绩还行。老师曾经说过我聪明反被聪明误，不过我当作是对我的表扬。那时候最怕开家长会，只要开家长会就会被告状，回来就得挨打。虽然这样，从三年级到六年级，我上课还是不认真听讲，会被老师扔粉笔头、留校。

……

一直以来妈妈对我的影响都非常大。她喜欢抱怨，瞧不起爸爸，看不上奶奶，所有的弟媳嫂子在她眼里都是毛病一大堆。不管娘家的事情婆家的事她事事想得周全，做得很多，但是做完了嘴里还不断地抱怨、批评。

我是在她的批评、抱怨和严厉的管教中长大的。不管我怎么努力，好像总达不到她的标准、守不了她的那些规矩，总是马虎、随意、不听话、招人嫌弃，总是需要被批评、指责、纠正。

这些批评、指责，带给我最多的，是焦虑和不耐烦，莫名地对那些"必须做的"事情感到烦躁，常有甩手不干、一走了之的想法。但又知道自己不能这样做，因此更加焦虑，更加被不耐烦的情绪所困扰。

天性

让成年人找回自己，让孩子不被扭曲

即便成年以后，我做的事情在妈妈眼里好的对的也几乎没有，不管给她买什么东西都是不好的，我自己买的东西也不好，总是说我不会处理问题，太简单、不灵活、交际能力太差。于是我也真的像她说的一样，越来越不放松。正常的人际交往也常常因自己紧张而处理不好，小时候那个人来疯的娃，不知道跑到哪里去了。

这几年，随着孩子的长大，我发现自己的焦虑紧张愈发加剧了。

妈妈对我的教育方式很多是我认可的，甚至我认为有些道理也是她打过后我才记住，才成为可以受用一生的品质。所以对孩子我也是道理说得很多，规矩定得很多，犯错误也会打他。

自从孩子上学后，我越来越多地从他身上看到了我的小时候，一样一样的。我开始越来越烦他、对他有越来越多的不满和怒气。我接受不了他的散漫、走神、不上心，老师一告状我就很生气，回家就会惩罚他，打手板、罚抄写、罚站、罚跪这些都干过。也会用很严厉的语言来训斥他，有些话还很伤自尊。

可我发现打没用、说也没用，毛病改不掉，还越来越差。

负人性格

严厉的惩罚和训斥让他越来越紧张、不自信，而且错误犯得更多。他没有自信的样子我看着特别心疼，但是那时候还是觉得方式没问题，老公也认可那样的方式，而且有时候他对孩子发起火来比我还厉害。可是孩子的状况却越来越糟，越来越让人担心。

和负 C 的骂人习惯类似，负 D 的尖酸刻薄、讽刺挖苦，也更多是情绪的释放，而非建设性的表达。

在文学等创作领域，负 D 因其极强的批判性，常常貌似深刻，吸引很多粉丝和跟从者，但这种深刻满含讽刺和敌意，缺乏发乎于心的深爱和关怀。

天 性

让成年人找回自己，让孩子不被扭曲

『病』人性格

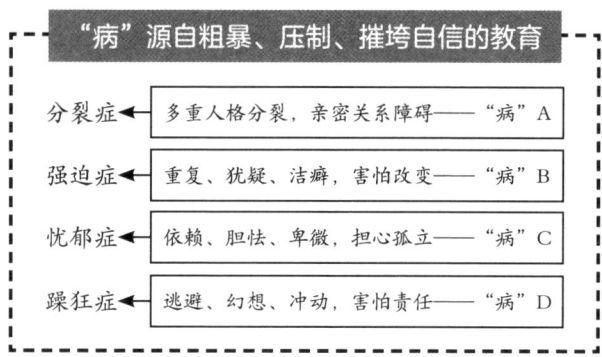

"病"，来自于粗暴、蛮横、摧垮自信的压制教育，成长期往往伴随着暴力和严重的情感伤害。"病"人性格严重者，则发展为对应的精神疾病。四种"病"人性格，与医学意义上的四种精神疾病，有着准确的对应关系和相近表现。

"病"A，对应医学意义上的精神分裂症；

"病"B，对应医学意义上的强迫症；

"病"C，对应医学意义上的忧郁症；

"病"D，对应医学意义上的躁狂症。

对如上精神疾病的诱因分析和治疗探索，非常有必要参考天性和"病"人性格的成因。

天 性

让成年人找回自己，让孩子不被扭曲

 # "病" A：多重人格分裂，亲密关系障碍

"病"来自于打压，A是四种天性中相对最"抗打压"的，因此，使A致"病"的教育，严酷程度最高。

"病"人被摧垮了自信，安全感缺失。相比正A，"病"A更软更弱。这种"软和弱"，与A天性原本的强硬强势和好胜相融合，导致"分裂"。

15岁的时候发现老爸出轨，对象居然是我的英语老师，然后她在上课的时候因为我看课外书羞辱我，我当着全班的面打了她一顿，什么理由也没说。她也没报复，校方因为不清楚情况只给我记了大过，她伤好以后就带着女儿离开这个城市去了深圳，再也没见过。

21岁的时候和一个已婚少妇偷情，那是一个温婉美丽的年轻妈妈，却在我发神经的某天，被我粗暴赶走。

和女友相处时不会主动提分手，但如果提出就一定不会回

头，其中一个曾经威胁我要自杀，我残忍地表示随便。她确实吃了药，但没死。

去年，一个男人开车违章掉头擦碰到了我的车，我不过温和地说了句师傅开车稍微注意点，他便开始凶狠地骂我，也许见我是说普通话的外地人吧，然后我当着他七八岁女儿的面打了他，并且在把他摁在地上要求他道歉时掰断了他的小指骨，最后赔了好几万。

事实上，平素的我随和、豪爽、幽默，朋友极多，人缘很好，极其宽容大度，从不吝啬。也做过见义勇为的事儿，正义感爆棚，给见到的每一个乞讨者零钱，向抱着我大腿的小孩儿买花，甚至教育朋友即使被骗也是做了件好事，告诉他们结果不影响本心。我的残忍也不是针对女人，当温存时温存，该霸道时霸道，做得一手好菜，爱干净，懂道理，也上进，还相当擅长写情书说情话，长得也不丑。说句不要脸的，每一个和我相爱的女孩，我都肯定她想嫁给我。

是的，我也以为这些是我。

可是，那个冷酷无情、极度暴烈、阴郁疏离犹如毒蛇一般残忍的、潜伏在黑暗水底的那个我，又是谁呢？

成长环境对一个人的影响，贯穿终生。即便是理性强势的

天 性

A，一旦成了"病"A，也难以走出成长的阴影。

我爸特凶，敢于与全世界为敌，可以和任何人吵架。

只要一点让我爸不开心他就会大骂发脾气，我永远无法让他满意。就算是生活琐事，他也可以把我骂得狗血淋头。

爸爸的打骂，让我很小就变得孤僻、冷漠，不喜欢跟人交往，有时可以不说一句话，发一天的呆。

身边的大人都不太喜欢我这个既不可爱又不漂亮的冷小孩，在学校里也不被老师偏爱，还总是受同学欺负，带头欺负我的女生却是老师宠爱的班长。那时候真的厌恶这个世界啊。

初中毕业，为了离开这伤心的地方，随舅舅去了XX。当时的目标不是考一个好大学，而是一定要"勾引"到一个老师！至于原因，大概是觉得这样就可以在班级里骄傲地昂起头。可笑吧？结果自己喜欢上的那个班主任，偏偏是个闷骚的喜欢和活泼的女生"调情"的男老师，各种委屈啊，成绩直线下滑，一落千丈，后来根本就读不进书了。高考落榜。现在回XX学日语，明年去日本。

这就是我目前失败的人生。

其实我谁都怨不得，但想不通究竟为什么我无论在哪儿都会被讨厌呢？

我曾经也嫉妒别人成绩比我好，长得比我漂亮，家里钱比我家多，但后来这些都不重要了，现在我只嫉妒别人比我受宠。感觉从小就是为别人活着的，不知道自己是谁，很在乎别人对自己的看法。

自己最恶心的大概就是虚荣了，曾经甚至定义自己生命的意义就是拥有别人的羡慕嫉妒。但是又明显地实力不足，于是不断沉浸在幻想中，不付出努力行动。并且热衷于说谎，有时候明明无需隐瞒，只是懒得解释的时候，都会习惯地选择说谎。

在生活中不愿意与亲戚来往，有时竟会装成傻子对他们不理不睬，在人际交往方面，经常有破罐子破摔的想法。很难控制自己的情绪，小学的时候每次有委屈心理得不到平衡又无处倾诉发泄的时候就会去偷窃，庆幸的是没被发现过。现在不会以偷窃的方式平衡心理，也只能学阿Q幻想些不切实际的安慰自己。

要怎么原谅呢？我根本不知道。发生过的事我永远忘不掉，而且总是在心里一遍一遍地想，有时候真担心自己得精神分裂症啊。原谅是什么？我真的不知道。

父亲在家里待了10年不工作，我妈一个人养着他和我，

天性

让成年人找回自己，让孩子不被扭曲

他还天天对我们大骂。

我还是不知道怎么去同情。对长辈是害怕敬畏，因为得不到喜爱而怨恨，但怀恨的并非是人；对同辈是羡慕嫉妒，他们得到了我得不到的，但这些人数量庞大，我也没一一记着他们。事我也忘了，人我也忘了，我记着的只是我一直都过得很不开心，所有的好事都永远轮不到我。另外，对我父亲，我是不信任他，就算原谅同情他，也无法阻止他一点都不尊重我地大发脾气。我也没什么怨恨，只是不想和他一起生活。

我觉得我爸爸享受的就是身边的人对他诚惶诚恐的感觉。他唯一希望我做的就是无条件的服从，让他舒服。除了我和我妈还有他妈确实没人愿意理他了，这样看来真的该同情他呢。

还有，我最害怕的是，我感觉自己在某些时候，情绪里也有我爸的影子……怎么办？

"病"Ａ对"亲密亲近的关系"充满向往，但"病"Ａ在"强弱"之间的分裂，使他无法良好把握"亲密亲近的尺度"，也营造不出令他人坦然的"亲密亲近的氛围"。亲密关系的维系和经营，对"病"Ａ而言，难度很大。

我非常明白，家真的会伤人。

否定自己的父母亲，那得要多大的勇气，而我，从小时候

　　　　　　　　　　　　　　　"病"人性格

就已经这样觉得了。偏心带给孩子的伤害太大，但是我都能接受，不能接受的是父母把你当作他们生活不如意的发泄口。

小时候，经常被我妈打得离家出走。我算强悍的了，还好好地站在这里。

被我哥用石头弄伤眼睛，我妈骂的那个人是我；妹妹弄丢钥匙，是我挨打；我妈自己的东西掉了，冤枉是我偷的，劈头盖脑一顿打，罚跪玻璃渣。

她在我心里永远是暴力和恐惧的化身，我从来都觉得别人家的父母特别好，自己的父母什么都不是。你说我是不是脑子有病？我也一直看不起自己这种病态。

说放下很难，尤其是亲密关系受到破坏，长久的破坏，要恢复起来，太难了。别人伤我，就那么一下，我转身可以忘，因为无所谓，但是父母没得选。

我试着去逃，但是逃不掉，还得回来，每天胆战心惊地生活。不知道什么时候会挨打、会挨骂，时刻来的白眼、毒骂，我不能明白一个母亲怎么能那么心狠。

如今的我，很少共情。虽然父母都已经老了，但我还是完全不懂如何跟他们亲近，如何表达对他们的关怀。

对周围的人，也是冷血、僵硬，不懂得如何营造亲密亲近的氛围，又对那种亲密和谐的关系有着近乎幻想的向往。

自卑，对自己不认同。很多事情，都是一边做，一边否定自己。

有时候会沉湎在虚拟世界里，麻醉自己。有时候又非常鄙视、憎恨自己那些不现实的想法。很分裂。

纪实传记作品《24个比利》中的主角，是典型的"病"A，也是严重的精神分裂患者。成长期被继父严重虐待，具有多种不同人格。这些人格或残暴、或善良、或冷酷、或温柔，都同时存在着。

"病"人性格

"病"C：依赖、胆怯、卑微，担心孤立

四种天性中，A 是最"硬"的，所以最不容易"病"；而 C 是最"软"的，所以最容易"病"。"病"A 的形成，大多伴随着粗暴的打骂，甚至折磨。"病"C 的形成，有时可能只是源于"冷漠的家庭氛围"和"长期的否定批评"。

C 生性柔软，"病"强化了这一点。"病"C 胆怯依赖。

母亲文化程度不高，性格爽直易怒。从小，父母每隔一阵子就会吵闹一次，每次都是我妈发飙，我爸赔笑。

在我的记忆中，母亲的强势不仅针对父亲，还针对我。挨打和罚站是常事，都习惯了。甚至有被脱光衣服赶出门口罚站的经历。我妈打得可狠了，隔壁的邻居都经常看不过，然后我妈还曾经对阻拦的邻居说，你再帮他，我连你也一起打，然后关上门在里面继续打我。

我小时候性格懦弱，在同龄人中身高偏高，可矮我一头的

都能欺负我。就读的小学初中都在城中村，同学们都是同一个村子同一个姓氏的村民，我这类外姓人大概率被人欺负，而且打架的时候对方都是一帮人。我连玩耍的小伙伴都极少，通常今天被欺负完，过两天还得屁颠屁颠地找别人一起玩。我也不是没有反抗过，对方人多，只能默默忍受不敢动手。

我的童年是自己一个人孤单寂寞地度过，需要用热脸去贴别人冷屁股的方式来换取一起玩耍的小伙伴。只要能和我一起玩，我就什么都不在意了。

问：被欺负时心里想得最多的是什么？

答：当时想，这些人怎么这么可恶啊，为什么总欺负我啊。当时想不明白，现在就知道，因为你不反抗、懦弱，他们就会一次一次地欺负你。

问：过后又找他们玩，是为什么呢？

答：没人玩，或者他们在玩我很想玩的东西，然后心里想，这次他不一定会欺负我了吧。

问：除了这么想，行动上会做些什么呢？比如会告诉老师或者妈妈他们欺负你吗？

答：当时也很奇怪，不是刚才还一起玩的吗，怎么过了两节课，他又来欺负我了。行动上还是凑上去玩呗，告诉老师，但是没有作用，他们会因为我告诉老师而变本加厉地捉弄我，只会在事情弄得比较大的时候告诉妈妈：例如有一次事情搞到全年级都知道了，双方家长都来到学校。事后那人好像是收敛了两天，后面还是一样。

问：被欺负心里会有受伤的感受吗？

答：有。和被妈妈打不一样，妈妈打的时候，我知道自己理亏。虽然痛，但心里知道自己该打。被欺负的时候，是不解，愤怒，还有背叛。刚还一起玩呢，怎么变脸这么快。

问：情感上感觉被背叛？

答：嗯。

C 重感受，在意情感和亲密关系。"病"C 对家庭关系问题尤其敏感。

几年前爸妈的关系出了问题，刚开始吵架，后来甚至摔东西，然后爸爸开始闹离婚。那时候我小，看到这样心里很害怕，越发感觉缺少爱，内心更加孤独。爸爸闹离婚，妈妈不同意，俩人都没心情管我，本来从小就感觉他们不能走进我心里，不能好好陪我，这下更孤独、缺温暖了，对什么事情都没兴趣。虽然在学校里也极力假装开心，努力不让同学知道家里的状况，但内心孤独彷徨。更加喜欢自导自演的幻想，把内心渴望的爱和温暖，用我塑造的人物演出来，把我想要的生活演出来，来填充我的需要。

爸妈闹了三年，我感觉自己越发自卑、敏感、怯懦，特别害怕别人看出我内心的感受和家庭的不和谐。和朋友玩时从来不说，初中好友一起玩了三年，现在毕业了，也不知道我家里的状况。

暑假里，爸爸和妈妈打架，我看不下去，护着妈妈和爸爸打起来，导致爸爸离开家里去外面住。家里就只剩下我和妈妈，家的味道完全没有了。有时候走在大街上，都会很羡慕别人拥有的点滴幸福，觉得人家真的很好运。但我心里却只有空虚痛苦，没有家味的家让我难过。

颓废、静不下心，没有心情做事，敷衍、拖延。只有听歌和继续自导自演来弥补我内心的情感缺憾。

我知道妈妈也不容易，为了我为了这个家死活不放手，但她真的很冷，虽然用心却温暖不了我，也不懂得如何帮我解除内心的痛苦。

虽然我自我感觉是一个感性的人，但是很喜欢理性的人，现在一心想把自己变成理性的人，那样就可以活得清醒励志，少一些心灵的伤害。

我有几个一起玩的好友，平时关系也还好，可我的家庭导致我的性格变得怯懦，没有自我，即使他们对我没什么不好的态度，我还是觉得自卑，常常委屈自己附和别人，不敢和他们发脾气，也不会拒绝别人，特别害怕失去。

我觉得自己很像有外向孤独症，每天装着很开心，但一到公共场所看到别人的温馨生活，就既羡慕又怨恨，怨恨生活、怨恨自己，心里的空虚失落无法摆脱。

"病"C有强烈的依赖需求。一旦确定了依赖的对象，又开始担心被孤立或被抛弃。这种依赖适用于各种亲密关系，在爱情中的体现尤其鲜明。那些为爱情寻死觅活，因情伤走上自杀之路的，基本都是"病"C。那些被渣男反复伤害又无力摆脱的，往往都是"病"C女。

我妈一定是个A，非常强势且专断，什么都包，什么都要自己做。我爸脾气很差，大概总是不得志没人看得起导致的，我妈也看不起他，俩人总是吵架，从小到大，我一直在他们的争吵中度过。我爸一不顺心就拿我和我姐出气，除了家里人，他对谁都很好，就看我们三个不顺眼，我和姐姐经常被他打。

姐姐对我很不好，从我记事开始，我就缠着我姐玩，而她却总也不带我，还老是打我不让我说出去。有一次还把我倒提着拖到阳台上（四楼）威胁着要把我丢下去。我从小就瘦弱，所以怕得要命。我去告状，我爸让她跪下她不跪，我爸就用脚端、拿皮带打。我吓得跪在一边大哭，想她为什么那么痛都死活不认错。这样几次之后，我姐怎么欺负我，我都不敢去告状了，只能自己忍着。

我们俩的好东西都是一人一半的，但几乎每次我姐都能比我多，因为她觉得好就来要，我不给的话她就说再也不理我然后很恨我的样子，每次我都十分不忍地交出自己的那一份。

我妈说我小时候特别爱哭，常常因为各种事情大哭，从小就被起个外号叫哭包。而且我姐也爱给我起各种各样难听的外号。我可怜的自尊啊，从小就没有得到过。我妈还特别爱拿我们跟各种各样的人比，别人家的孩子无论什么都比我强，所以我现在也不自觉地处处把自己跟人比。

再说上学的事。我上学很害怕老师，不知为什么就是怕得要命。我在小学一直自卑着，就因为比同班同学大一岁。我刚去时不敢举手，胆子很小，要上厕所都是同桌的男孩子帮我举的手。

有一回没带作业上学，我跑回家拿（从家到学校不到5分钟），可家里没人，我坐在台阶上哭，死活不敢去学校。后来

"病"人性格

我不太记得了（听说是对门阿姨出来送我到学校去的）。小学过得很悲催。

我特自卑，从小到大不敢在人面前笑，因为不知为什么我总是牙龈流血（后来才知道是缺维生素），觉得自己丑。可是我是最爱笑的啊，看书总能自己一个人傻傻地笑，也能一个人傻傻地哭。更不要说看电视什么的了，一般都是跟着剧情，完全沉浸其中。

穿着姐姐的旧衣服，活在比姐姐丑、不漂亮、不可爱（因为爱哭）的阴影下。我多想父母夸一下我、抱一下我，可是没有，我妈只说咱们乖不要像你姐一样不听话。然后我就非常听话而内心纠结痛苦地每天活着。在我的记忆里只有两个想法最清晰：去死和快点长大。

读大学也纠结，我这人是纠结得太久了，能活成现在这样我真的是感激上苍啊。当然也要感谢我的老公，他是我大学四年最大的收获。谈恋爱以后，我很快就把他当成了我的全部依靠。有几次闹矛盾，他提分手，我都感觉世界崩坍一般的可怕。如果他真的跟我分手，我觉得自己真的有可能自杀。好在没有所托非人，最终和他修成了正果。

在最初开始工作时我很怕与人接触，有电话恐惧症，拿起电话脑子一片空白。而后来在保险公司里，所有内勤除了老总只有我一个人在公司开年会做工作总结时脱稿。可能这里的 A 们或 D 们很不以为然，但对我绝对是一大进步。我甚至可以独立给业务员讲客服知识，这是怎么做到的？我逼自己做的，原来没有什么做不到啊。但是我还是很纠结，还是不愿在人前多说话，专业的事情我一点问题没有，别的我不行。而且这个工作我虽然全心投入但我真的不喜欢，发自内心地不喜欢。

后来结婚生孩子，过了这些年之后，我的状态比以前好多了。可是怕跟人交流和缺爱这两点一直没变，自卑和虚弱感一直无法摆脱，还会因为自责而发脾气。我还有严重的忧郁症，动不动就怀疑老公不爱我而想死。

"病" C 和负 C，在形成原理上是一致的。"病" C 的成因，可以看作负 C 成因的加剧版，因此，"病" C 性格往往与负 C 性格并存。

记忆里爸爸是一个脾气非常暴躁的人，动不动就发脾气打人，一点小事就跳脚，对任何人都缺乏耐心，特别是对我和我妈妈。印象最深的是他带我出门，电动车没电了，他狠狠地把我打一顿。

妈妈是个很强势很要强的人，我很佩服她的坚定坚强。

　　　　　　　　　　　　　　　"病" 人性格

小学的时候妈妈对我的学习要求特别高，还给我找了家教，基本不让我下楼玩，逼着我看课外书，她觉得女孩子不应该疯疯癫癫的，要安静、要有知识，学习必须好、必须努力，积极向上，严格要求自己。

但是尽管这样，我的学习成绩一直都达不到妈妈的要求。妈妈为此每天骂我，什么"废物"、"没用的东西"，甚至动手打我，还喜欢说哪个哪个比我强，我怎么这么没用，这么不求上进。她开始干涉我交友，不许我和成绩不好的玩，逼着我必须和成绩好的交朋友，她想以此来激励我。她甚至当着我的面毫不留情面地赶我朋友走。

初中的时候喜欢编故事，就是编一些不存在的事情，但是让别人听来是我亲身经历的，比如去哪里玩了，和什么人认识了，怎么相处的，有多开心啊，全部都是谎言，可是编得有模有样，骗过很多同学，大家都信以为真，没有怀疑过我。

终于在妈妈的"鞭策"、打骂下，我变得很自卑，也很敏感。高中的时候同桌女生交了新朋友，我都会很受伤，还边哭边写了一份绝交信，信里还祝福她和新朋友快乐。但同时我也很嫉妒她，嫉妒她学习成绩比我好，嫉妒她人缘比我好，嫉妒大家都喜欢她，嫉妒她遇到事情都知道怎么解决，而我只想着折磨自己。我很想超越她，很想比她优秀，可是无论怎么努力学习上也不能超越，就更加自卑，甚至有点恨她，但又离不开她，羡慕她。

我越来越孤僻、内向、逃避，不爱交朋友，沟通能力基本就没有，不知道该如何与别人交谈，焦虑、缺乏安全感，总想着可以织一张厚厚的网把自己包裹起来。也想毁灭自己、深埋自己。青春期特别叛逆，想过离家出走，甚至自杀。特别渴望温情，总是幻想着有一个优秀的男孩子能给我美好的爱情。

好不容易 17 岁的时候遇到了初恋，是我主动追求的他。我很爱他，为了他什么都愿意，可是他并不是很喜欢我。他比我大 8 岁，没有接受也没有拒绝我，而我却和琼瑶小说里的女主一样，讨好着他，希望有一天可以感动他，希望他可以接受我，爱上我。这样过了一年。后来被妈妈发现了这个秘密，她非常反对，去找了那个人，不知道说了什么，第二天他毅然决然地拒绝了我，一点幻想也没给我留下。我痛苦了好几年，可以说天天以泪洗面、借酒浇愁，再也不敢涉足爱情。

那段时间听到情歌就哭，仿佛觉得歌词里写的就是自己。直到前夫的出现。他是一个话很少有些内向的人，可是他很有才华，帅气，气质很好。

婚后的生活并不是很幸福。我们经常吵架，好像基本都是为了一些小事，而我脾气特别坏，无法控制地爱发脾气，吵完架我还喜欢蜷缩在角落里哭。他和我道歉，我说他没有诚意，他不道歉，那更不得了，我会觉得他不爱我。

记得有次出门，我鞋带松了，以前他都会帮我系鞋带，可能那天他没有发现吧，我生气地自己系了，而且当时他也没有停下来等我，我系完鞋带追上他，憋着气一直没理他。后来记不清楚为了什么事，我借故对他狠狠地发了一顿脾气，并且指责他不仅不帮我系鞋带，还不等我，然后不听他的解释，一个人跑回了家。

还有一次我抱怨他不帮我剥虾子，因为谈恋爱的时候他不仅帮我夹菜还帮我弄鱼剥虾，我觉得他变了，不爱我了，就经常有事没事找茬，吵架。然后他道歉，我说他没诚意，不道歉就说他不爱我，他有时候气得破门而出，我就特别伤心，恨不得自杀，盼望着他能回来，心里想着等他回来了我一定原谅并且拥抱他，可是当他真正回来了，我却是冰冷的。每次吵架我跑回家的多，跑出去的也多。和他吵架时，我还特别喜欢自残，比如咬自己，抽自己嘴巴，甚至撞墙。

随着婚姻生活相处时间越来越长，我越是心浮气躁，越是不能好好地和他沟通，而他对我自然也越来越不能包容体谅，吵架的次数日益增多，怨天尤人的情绪越来越重，觉得妈妈不爱我，这辈子又像是欠了孩子爸爸的，我常说的一句话就是，"我前世欠了你的啊，这辈子要这么还？"

闻名于世的特蕾莎修女，也是一位"病"C。她的奉献世人皆知。C的无私，加上"病"C的"病"，催生了这位无私忘我、深情悲悯"传播爱的人"。但是，她的精神世界，却也有很多的阴郁悲凉和怨艾痛苦。

在40多封未曾公布于众的信件里，她抱怨、烦躁、孤独和痛苦。特蕾莎将地狱的情况和她所经历的做了比较，她说，这让她怀疑天堂的存在，乃至上帝。特蕾莎强烈恐惧的内心世界和其在公众前的举止非常不一致。

对她所信仰的上帝，特蕾莎充满情感上的挣扎和困惑：

"我的主，你为什么要抛弃我？"

"上帝，我的上帝，你难道要抛弃我？对你纯真无私的爱，现在已经变成被你抛弃的无尽的恨。我呼唤，我坚持，我想，但是没有回答。没有人让我坚持，不，没有。孤单，我的信仰在哪里？如此之深的夜晚，除了饥饿和黑暗，什么都没有。我的上帝，这种莫可名状的痛是如此痛苦，我没有信

"病"人性格

仰，我不敢倾诉我内心堆积的话语和想法，让我承受难言的无尽痛苦。"

"走向上帝如此之难，被回绝，空虚，失去了信仰，没有了爱，没有热情，灵魂的救赎没有吸引力，天堂意味着什么都没有，若为我祈祷，请让我在任何事情上为上帝保持着微笑。"

"我越期盼他，他也距离我越远。"特蕾莎一直孤独地面临着"空虚"对她的严峻考验。

天 性

"病"D：逃避、幻想、冲动，害怕责任

D 被打压会反抗反叛，但当打压升级，粗暴强压、强力束缚，以治服、管住为目的，摧垮自信之后，D 将成为"病 D"。

属于感性右脑的"病"D，在心理压力太大时，会产生逃避和放弃的心理。D 天性同时也是强势的上脑，逃避和放弃又会引发他的愤怒和冲动，导致"躁狂"。

我 30 多岁，有爸爸的生活不超过 7 年，即便在一起，内心也是充满了纠结、渴望和逃避。3 岁多就被反锁在家。晚上不能开灯，不能开电视，因为我妈怕我被电着。她爱打麻将、爱跳舞，不能带着我，就把我锁在家里。有一次她的同事来家里等她，我知道又要被锁在家，就开始哭。被她一巴掌打在头上，头碰在门框上。她能继续淡定地化妆。我哭着睡着了，那种绝望，是难以形容的，无助又痛苦。

对我妈的感情有依赖还有害怕。我爸偶尔回来，他们继续

吵架，爸爸再离开。我上幼儿园每天上学都会迟到，担惊受怕，我永远是最后一个被接走的。小学经常被罚站，作业不会写，考试不及格。

爸爸性格极度敏感、暴躁、多疑，曾经因为和我妈吵架，大冬天浇自己一身凉水，穿着裤衩就跑出去了。我知道爸爸是疼我的，但是他情绪失控时，总是恨不得吃掉我。他不允许我下楼和小朋友玩，即便同意了，也是每隔一分钟就叫我。一旦得不到回应，就咆哮着来找我。然后骂我一顿，带我回家。所以，导致我非常胆小，也没有好朋友。

伤我最狠的，是在十几岁的叛逆期。因为吃什么而与爸爸产生分歧，在人流量最大的夜市区，他抓住我，一只手抓起来，原地转了好几圈。忘记有没有打耳光，只知道感到耳鸣，看着围观的人群，已经满眼模糊，趔趔趄趄地逃跑。我挣脱后跑回家，准备了刀片，他再打，我会吓唬他割自己的手腕。

其实之前我就有了自残的行为，和妈妈吵完架，我会把自己关在厕所，拿东西砸自己的头，直到流血。他回来后要绑我，我已经绝望了。说不怕我死就绑。结局怎样，忘了。我再也没有和他说过一句话，到现在两年了。

从小到大，我犯了错误，她永远是双手掐腰，歇斯底里地骂，会吓唬我不要我，因此我差点从二楼跳下去找她。骂不听或者教不会我做题就往头上打，打了我还是不改她就开始向周围求助，满脸绝望地哭诉我的种种"罪过"。她从来没管过我的学习，叫家长会打、考不及格会打、撒谎会打、学不会往头上使劲打。

在我妈妈眼里，我过于自我、固执、急躁，不顾别人感受、不听别人意见。所有的事情，她都能挑出来我的问题，全盘否定我。为此我很抵触她对我的任何评价。受了委屈找她说，换来的也是：你自己做得不好换来的结果，你不总结教训，你赖谁？我心里就会很受伤，我处处不行，是谁导致的结果，我该赖谁？

他们离婚，我谁也没跟。

我很焦虑，她的状态直接把我拉进压抑的黑洞里。我知道要面临的是什么。初中，她不管我，也管不了我。除了经济上我必须依附她。初二升级到逃学、吸烟、早恋。破罐子破摔。中考前，我几乎已经放下书本，生死由命了。

心里的劫，还有。我曾经拿着刀，砍了一个在我家睡午觉的陌生人，现在回忆，他应该是我妈妈的追求者。当然不是真的动手，但我觉得自己装狠装得很真，把紧闭的门砍透了。尽

　　　　　　　　　　　　"病"人性格

管她和我爸离婚很久了，我依然感到屈辱。因为我的第六感是那个男的不像单身。我更加对她不尊重，不听她的话。

后来，生活真的因为自己的性格处处不顺利。不喜欢和人交流，不愿面对问题，和老公的关系也是越来越差，有了孩子之后更加焦虑。

老大六岁时，生意惨败，亏了两百多万，被出轨离婚，紧接着查出中重度狂躁型抑郁症。因为离婚，孩子放在奶奶家。我不想去。去外地的原因，是我觉得生意失败很丢人，面对不了、承受不了，直接闪了。还有就是我不甘心，像个无头苍蝇一样挣扎着，不想认输，幻想着还能有机会翻身。

大多数时间里，是这样的恶性循环过程：压抑—受挫—自暴自弃—随心所欲—反省自救—提升—回归原环境—自暴自弃。抗压能力差，关键时刻不计后果，说不想干就不干了。每到一个关键点，我都会来一出：老子不干了。

感觉自己实际上胆量真的不算大。不过如果和别人有了冲突，内心虽然害怕，但爆发力也足够让人喝一壶的。

非常在乎别人的评价、看法。用"饱受折磨"来形容都不过分。对别人的掌控非常敏感、抗拒。别人如果强压，绝对会爆发。在单位稍微好一些，自知工作能力欠缺资历不够，没有资格说"不"。家里面，如果话说得好听点，我还能接受，会参考别人意见，如果被人边数落边干涉，我直接炸毛儿了。

"病"D是"生活在别处"的人。"病"D的"幻想和逃避"，侵蚀着他在现实生活中生存的能力和乐趣。

我小的时候经常挨打，主要是我爸打我，我妈打得不多，她是严管，唠叨。我有一个哥哥，还有一个姐姐，我哥成绩好，学习也很刻苦，属于我爸我妈比较喜欢，而且看好的，虽然也管得很严，但不像我常常挨打。我姐学习不好，但是明显比我会讨好父母，又是女孩，所以挨打也不多。

为什么挨打，很多事情我都忘了，好像大多是因为调皮、不听话、管不住自己。学习也不认真，没耐心、静不下来那种。

我爸打我打得狠，有时候会上皮带抽，记忆中我常被打得鼻青脸肿，有一次甚至被吊起来打。我也的确很怕，不想挨打，每次挨打的时候，也想着以后好好表现，别再犯错。但貌似我根本做不到，有时候根本没有意识，就又犯管不住自己的老毛病，又挨打。

我挨打的时候，我哥我姐和我妈都很少同情我，也没人替我说话，让我常常觉得"世界悲凉、亲情不在"，很有从这个家逃走的冲动，但那时候小，只是想想而已，事实上根本不敢。

挨打主要是小学阶段的事情，其实上小学的时候，我的成绩还好，但因为学习挨打的时候还是很多。大概因为我怎么努力都是挨打，慢慢地我开始不喜欢学习了，所以到了初中，成绩也开始不好了。但挨打却少了，可能是年龄大了，自控能力强了吧，也或者是真被"打出来了"。

回想起来，我好像没有什么青春期的表现，所以我爸可能比较得意吧。小时候那么调皮的孩子，居然都没有严重逆反的青春期。为什么没有呢？因为我的青春期一直活在幻想里。

初中三年，上课我基本都是走神的，各种幻想，把自己放在各种故事和小说里，随心所欲地想象，就能很快乐，也有很多"爱情幻想、性幻想"。每次被下课铃或者老师的提问从幻想中拉回来，我都有一种巨大的失望感。

"爱情幻想和性幻想"在高中和大学阶段变得更加强烈，很长一段时间里，我得算个文艺青年，虽然学的是理科，但是喜欢文艺化的东西，因为在那里可以找到感情的寄托，以及非现实的生活。还试过写小说，可惜自己真不是那块料。

幻想多的原因，跟我的自卑有关，虽然这种自卑我一直压制着，轻易不肯表现出来，但我对自己这一点有清楚的了解："自卑、压抑、敏感"，还胆小。常常控制不住急躁的情绪，又不敢跟人有明显的对立冲突，还偏想装出很强很不怕的样子，所以内心常常是矛盾纠结的，有时会因此更加看不起自己。

幻想的习惯，其实我到现在也没改掉，还是常常处于游离的状态。虽然已经娶妻生子，经营着自己的公司，但我好像一直有强烈的非现实感，觉得跟周围的人和生活格格不入。觉得自己应该生活在别的地方，而不是这里。

平常，我是个有些冷峻的人，对待员工，内心是好的，但表面上很严厉。其实冷峻只是表象，我根本不是一个狠心的人，我的内心敏感、脆弱、多情，但这些都是我不愿意表露的，包括对妻子孩子。所以冷峻大概算是我的伪装吧。

但我不快乐，骨子里也不自信，对未来很悲观。对于公司的未来，尤其没有信心，虽然现在的样子还可以，但我一直觉得，自己不是个合适的生意人，不爱交流、不喜欢生意交往，有时候又显得情商低，不会说话，也不懂得如何跟生意伙伴推心置腹、拉近关系，只是凭着努力和骨子里的诚意做事。像我这样的人，怎么可能是一个好的商人？

我更像一个想法不切实际的文艺中年，对于生活，我仍然有很多文学化的想象，常常觉得周边的世界和生活不是我想要的样子，觉得周围的熟人朋友，包括妻子都不能真正理解我，常有离开的冲动。还一直觉得自己需要找一个文艺女青年做情人，不过到现在都还没有找到，可能永远也找不到吧（笑）。对了，我还是一个愤青，确切说得算"愤中"，都快 40 岁的人了嘛。

因为这种游离和逃避的心理，公司、工作和日常生活，包括生意交往和朋友交往，对我来说，基本没有快乐可言，好像只意味着责任和压力。

最近几年，感觉自己越来越"病"了，逃避，老有逃避的心理，越来越不想承担这些责任和压力，甚至包括正常的朋友关系也想逃避，跟妻子和孩子的距离好像也越来越远了。

"病"D 和负 D，在成因上有相近之处。所以，大多数病 D 性格中，也有负 D 的成分。

现实生活中的"病"D，对责任压力的恐惧抗拒，内心不平静的狂躁起伏，在各种琐碎小事上所承负的压抑紧张，往往大到令人惊叹。

我现在最大的痛苦在于，经常明知道什么不应该做，却偏偏忍不住要做；知道什么该做，却偏偏没有心力做到，又因为做不到而懊恼，心理负担很重。日复一日，人也越来越困倦疲惫。

比如很简单的早睡这件事。

每天白天都想着，今天好困，状态不好、办事不力、身体虚弱，丢东西了啊、反应慢了啊，都是睡眠不足闹的，为了健康起见，今天一定要早睡。

可是，到了晚上，又想，其实还早才九点，九点半再睡也没关系嘛。磨蹭着磨蹭着，就已经十点半了，甚至十一点了，就掩耳盗铃不去看时间。

可是另一个声音又不断在提醒自己，要去睡了，该去睡了。然后就很委屈，很不甘愿，好像有一种类似怒气的东西，在挣扎地说："我就不！"

每天都是这样，越是要求自己要作息规律，越是事先计划好晚上早睡，这种隐隐的怒气和不甘就越明显。甚至明明想看的东西都看完了，还不去睡，还要漫无目的地找些新闻和小说来看。

直到非常非常晚了，才被凌晨的时间震惊到懊恼不已。然后质问自己，健康呢？自律呢？再很悲愤地谴责自己。最后，还得安慰自己这是最后一次，安抚完了才能入睡。

然后白天又困得不行，然后再循环。

早睡只是个案例，折射出我的整个生活状态：放纵的时候不快乐，自律的时候又总是莫名其妙地就出格了。成功自律之

"病"人性格

后对自己还算很满意的，但还是会在之后再放纵一次。

我更紧张的是与人相处，从初中开始，就不知怎么的，有了很多思想包袱，圈子越来越窄。处理人际关系时，总是患得患失。

别说和异性交往，就算和同性好朋友交往，都会想着刚刚那句话是不是说得不妥之类的问题。偶尔在某次聚会突然放开了聊嗨了，心底可能就突然意识到，"咦，真好，我和朋友这么自然地在谈天说地好开心"，但是，突然又会回到紧张于自己语言举止会不会惹人讨厌的状态了。总觉得自己姿态蠢笨，说话做作。

工作的第二年越发明显。有时候，明明欣赏某个同事，但是总担心"人家会不会觉得我是为了她比较有前途才去讨好她的"，或者"人家只是因为同事之间不好闹僵才敷衍我的"，虽然理智上知道不是这么一回事，但总是惴惴不安，表现得不自然。同时，对自己的不自然又很敏感，总觉得别人发现了。

于是，我常常要求自己更大方洒脱一些，往往做不到，就又紧张起来。在有点级别的领导面前，愈发紧张。但总在大多数的紧张之余，会突然有几次反而特别大胆地说胡话，似乎是厌恶自己的战战兢兢，刻意要表现自己不谄媚权贵一样。

天性

一群朋友们聊天，我经常会突然杠起来，比如大家都在说妇产科医生不好，或者说抵制日货的人是蠢货时，我就卯起劲来特别严肃地多方面多角度地阐述相反的观点，搞得气氛都僵了，自己又很后悔。很多时候气氛还没僵自己就意识到了，赶快用"事物都有两面性"，举一些能证明对方观点的例子把场面圆过去，然后自己又觉得非常不开心。

对我的一个好朋友 XX 也是的，她很开朗大方，说话也比较口无遮拦。她爸爸最近几年升职很快，她的家庭经常来往的正是在我眼中非常深不可测的局领导。因为她老爸对当年的我印象很好，就在 XX 的要求下时不时替我说些好话。然后我一方面在竞聘的时候患得患失、焦虑，经常跟 XX 交流，享受她的热情回复和安抚；另一方面又觉得特别对不起 XX，觉得自己竟然有想利用友情谋好处的心；再一方面又觉得自己真心很感谢她，但说的话又好像带着逢迎讨好，以她的个性，其实反而令她不自在……总之，就特别复杂的心情。

梵高是典型的"病"D。割耳朵和后来的自杀，源自"躁狂症"的爆发。

在文学和艺术领域，有着大量的"病"D 性格者，他们在创作的同时，忍受着内心的压抑和痛苦。

❀ "病" B：重复、犹疑、洁癖，害怕改变

　　教育 B 孩子，重过程即可，不能强求结果。目标化的、竞争性的压力不适合 B。

　　面对强压，B 孩子会倾向于接受和努力。过高的目标、超过了能力限度的强压，会使 B 自我怀疑，觉得自己太差、太笨，是自己的不足，导致没有达到教育者的要求。久之，则形成"病" B 性格。

　　"病" B 犹疑，有强迫症的表现。

　　我比较喜欢默默无闻、有持久性的工作，很像沙僧，但又喜欢跟唐僧一样讲道理，比如自己坚持母乳喂养也会希望其他人也这样，然后不断地劝说、唠叨⋯⋯

　　因为公婆忙工作，我只能辞掉工作自己带孩子，而且即使有人带孩子我也会看不惯要自己来，比如嫌他爸换尿布慢自己来，导致现在包揽了换尿布的重任。总之我能自己干的绝不麻

烦别人，我自己都觉得太伟大了、太有奉献精神了、太能忍了，所以我很正义、很有使命感，说穿了就是比较认死理。自己认的，还不喜欢自己说出口，总是希望别人能把我心里想的说出来。

小时候和爷爷、后奶奶一起住。爷爷很内敛，不大沟通。后奶奶对我很不好，非常严厉，经常责骂，一点温情都没有，至于有没有打过我好像不记得了，但是她的严厉责骂在我记忆中，比打还难受。

小时候，晚上一个人在楼下做作业，上楼的话得经过一段漆黑的路，每次都是快跑上楼梯，然后就被后奶奶骂，说我跑楼梯声音大。后来造了新房和爸妈一块住了，晚上洗完脚回自己房间要经过漆黑的楼梯，每次都坚持要爸爸带我回房间，但我不敢跟他们说我超级怕黑。终于有一天他们爆发了，两人都打了我耳光说这么大了还不敢去房间，从此都是硬着头皮快跑，也就两三米的路，直到现在还害怕黑……

我妈是很要强很要面子的人，家里大大小小的事情都得由她决定，对我管得非常严，可以说是极为严厉，稍有不从就是训斥、责骂。我爸就是甩手掌柜的那种，对我，是既不陪，也懒得管。

我的喜好是被无视的。记得四五岁的时候我很喜欢一个毛绒兔玩具，一直抱着睡觉，还抱着拍过照，就因为兔子抱的萝卜掉了，我妈就把兔子扔河里了，完全不管我对那个玩具的感情。晚上做作业做累了，我喜欢摆弄洋娃娃身上的衣服，拿布料给娃娃做衣服，我妈进来看见了就会骂我，说我把娃娃弄坏了。我要是认错态度不好，就会挨打。

上了初中我还是很乖很文静，什么都听我妈的安排，但很压抑，几乎每天会伤感地哭。对我妈也有很强的防备心理，不会跟她说真心话，因为说不对了，就会被她责骂，只是努力按她的标准和要求，小心翼翼地做事。

初中阶段我成绩平平，但自尊心很强，特别害怕被批评，有一次数学考得不好，在办公室班主任当着另外几个同学对我说，不想读书就背着书包滚回家，从此我对数学有了阴影，一直学不好。

后来考上了护理大专，班级里全是女生，有 80 个人，我在里面显得非常普通，所以我也几乎从不参加学校里任何社团。

我有强迫症，也可能是责任心作祟，在图书馆勤工俭学，每次看到书架上书放错了都会放回原处，甚至有人问我什么书在哪个区域我都能指出来，我牢记每个书架的分类……

天性

让成年人找回自己，让孩子不被扭曲

毕业后去了一家三甲医院的急诊科，刚工作那阵子，常常紧张得要死，因为我动作有些慢，脑子转得更慢，适应能力慢，所以害怕突发状况会措手不及，害怕脑子一下子塞太多会记不清。

护士工作虽然辛苦，却也充实，能感受到自己的存在感和价值感，后来工作做熟了，常常会有被别人需要的满足感。我说过我有强迫症，有一个老病人住了几个月嘴巴里全是痰痂，很厚，像舌头那么大小的一块就这样附着在上颚，其他护士口腔护理的时候都是随便擦擦，所以才会日积月累那么厚，我不行，我看着难受，总是忍着恶臭一边擦一边用镊子慢慢剥离下来。还有一个重病人痰很多，我会不厌其烦地帮他吸痰，5分钟一次。还有很多极品家属我都能搞定，上班的时候整个病区的病人名字不用看床头卡都能叫出来，甚至辞职后一年内都还能记得有些病人的名字。

可惜医院离我家太远，通常要一个星期甚至半个月才能回去一次，老公不开心。加上上班老是生病，常常胃病发作，他强烈要求我辞职不要上班……然后顺其自然生孩子带孩子，其实我很想去工作，现在不工作很没自我很没有安全感。但是我又非常害怕改变，像这种比较大的决定，我总表现得非常犹豫不决，即使征求了很多人的意见，也下不了决心，错过了往往又后悔。

我嘴巴很笨，不会说一些讨好别人的话，不会撒娇、很自卑。在家里也是，常常自责，常常觉得如果老公当初娶了那个相亲的条件优越的女孩，我公公现在也不会老是找他的茬，他就不会现在苦得自己带孩子，至少有个能干的丈母娘帮忙，被欺负了也有丈母娘撑腰……现实是他现在老是受我的气，听我的冷言恶语，不知道被我伤了多少次心。现在觉得好庆幸他是C，如果是A的话早就吵翻天了吧？

B是四种天性里服从性最高的。在粗暴强压和打击自信的教育下，"病"B的形成过程中，反抗是最弱的。

父亲的脾气不太好，不顺他的意思，我们就会被揍（包括我母亲）。我小时候没少被揍，多数原因是学习成绩没有让他满意。印象最深的是有一次还被罚跪天桥，人来人往的。具体什么原因已经不记得了，只记得当时自己的同学、老师、父母的同事都看到了。而且他信奉"棍棒出孝子"、"不打不成器"。不管什么事情，不会先问，首先是一顿揍，然后再说道理。所以我胆子很小，从小被别人欺负了，回家还会被父亲揍，可能他觉得我没用，所以会被人家欺负。

天 性

小学因为父亲管得比较严格，成绩还算不错，但是越到高年级学习也越来越差，当然被揍的次数越来越多。

初中课程其实非常努力了，我应该属于那种资质一般的人，成绩总是一般般。那时候视力开始下降，看不清黑板，可想而知当时上课有多尴尬。就这样磕磕绊绊地一路走到高中，成绩更差了，印象中就是不停找老师补习、换班等。就这样勉强上了大学。现在想来初中高中真是我人生一段黑暗史，不堪回首。

问：认可父亲的教育方式么？

答：现在不认可。

问：小时候呢？

答：小时候还是认可的，觉得他挺了不起的。

问：其实挺崇拜爸爸的是吧。所以爸爸打你，也不会记恨？

答：没有。只是觉得自己太笨了。小时候曾一度认为所有的爸爸都是打自己小孩的。

问：父亲除了棍棒教育，会具体管你的学习么，比如辅导功课或要求考名次什么的？

答：他有要求名次，成绩。

问：初中看不清黑板，你不着急么？不会要求老师或者告

"病"人性格

诉家长，把你排到前面座位吗？

答：会急，但是从来没有告诉过父母或者是老师。

问：为什么不告诉？

答：好像觉得有近视眼是个很丢脸的事情。

问：所以即使耽误了学习也不敢吱一声？

答：想过下课借人家笔记，但是不好意思每堂课都借人家的。

"病" B 会努力成为完美小孩。纪律、成绩、品德、人际，各个方面都去努力。但"完美小孩"所承负的压力，不容忽视。这种压力，可能像第一个案例那样以焦躁的方式，小型爆发，也可能如下一个案例所述，爆发得无可挽回。

如下真实案例摘自媒体报道，文中的 XX 是南京一中的一位老师。

"你不知道我这个女儿有多能干。情商高、朋友也多，性格开朗，处理事情冷静。"一说起女儿，XX 的神情充满了自豪。"学习优秀、体育好、唱歌好、还会吹长笛、玩打击乐，生活自理能力也强。留学的事情也是她自己决定的，自己找的学校，还申请到奖学金，自己办签证、买机票。"

可是，这样的一个"完美"女儿，却在荷兰留学时选择用一种极端的方式结束了自己年轻的生命。

"亲爱的妈妈：我知道我没有资格鼓励你要坚强不要为我哭泣之类……我真的太太太累了。8年来一次次平定崩塌的心灵，而当它再一次崩塌时我又无能为力，只有咬牙忍受再寻找调整的机会，而现实的事务又被耽搁着，现实的美好被破坏着，我真的厌倦了……"

在遗书中，远远坦言自己受强迫症之扰已长达8年，痛苦不堪。

XX无论如何也没有想到，外表活泼开朗的女儿竟会背负如此大的痛苦，而她作为母亲竟没有丝毫察觉。

"现在回想起来，她上初中后一度变得沉默寡言，我还以为她是变文静了，没想到患上了心理疾病。孩子最后的时光，也是在异乡孤独地度过……"XX痛苦地回忆。

XX认为女儿太要强，事事要求完美。"在我们面前从来没有表露过失败的一面，展现给我们的只有微笑。"

远远的意外身亡让她的许多朋友吃惊不已。记者了解到，几乎所有跟远远有过接触的人，一致评价远远平常开朗活泼，没有任何强迫症或是抑郁症的迹象。

正人性格

正人，自信从容，懂得自己的优势所在，也欣然接受自己的劣势，自洽自得。

简单地说：正 A 自强、正 B 自律、正 C 自嘲、正 D 自娱。

正人都有一颗"赤子之心"，看起来有点儿简单，甚至天真，其实是源自内心的纯真、纯净。

 # 正A

A，有目标才有动力。当他的心里种下正确的方向和目标，则压力成为动力，磨难成为财富。这样长大的 A，成为正 A。正A，坚定坚强，讲道理讲原则。

我小时候的教育基本上以妈妈为主，因为爸爸不常在家。妈妈是个勤劳要强的女人，对我也非常严厉。上小学以前，妈妈因为喊我没答应、弄脏新衣服、见人不打招呼、跟别的小孩学说脏话之类的事情打过我。

妈妈很关心我的学习，经常陪我背单词、背课文、背题。当然也很严格，不但对学习成绩有很明确的要求，对学习习惯也要求很高。夸奖不多，即使有也很含蓄，点到为止。

妈妈不允许我像别的女孩子那样打扮自己，基本上整个初中都穿的是她年轻时的衣服，这点导致我现在也不注重外表，从不在穿衣戴帽、美容化妆这些事情上花费心思。

天 性

爸爸在外地工作，回来的次数少，对我的管教不多，不过有一件事我记得很清楚。大概小学三年级的时候，我写作业拖拖拉拉，周三下午半天休息，到晚上了作业还没写完，爸爸把我书包收拾起来，不让我写作业了，任我怎么认错哀求也无济于事。第二天检查作业，被老师狠批了一顿，从此改掉了作业拖拉的坏毛病。

爸妈对我的教育，我比较喜欢的一点是，有原则。哪些可以做，哪些不可以做，很清楚。因为重视原则，所以，虽然严格，他们也算开明型的家长。在成长道路上几次重要的选择当口，都会与我讨论商量，给我建议，让我自己做决定，而不是包办代替，包括考高中、保送大学、选择工作。

我没上过学前班，属于提前半年上一年级，一开始学习跟不上。妈妈知道后请我同学教我，下班后带我练习。还好，二年级上学期的期中考试得了"双百"，这个进步给我带来了自信。从此，学习成绩日渐提高，到三四年级时基本上就名列前茅了。

初中的入学考试，我是全校第一名。因为成绩好，又自律上进，开学不久，被选为了班长。

我应该算是学霸，中考全校第一，比当年重点高中录取分数线高出 100 多分。但我没有选择去读高中，而是去了中师，因为读中师毕业后可以当老师，这是我小时候的理想职业。如果读得好，还可以保送上大学，所以义无返顾地考取了四年制的中师。因为表现不错，担任了四年的班级团支部书记，同学们都爱叫我"蜘蛛"，因为乐于为大家做事，所以人缘一直挺好。中师毕业时，全班推选保送上大学的名额只有一个，给了我，对此一直心存感恩。

如愿上了大学，热衷于学生干部工作，大三时当上了校学生会主席、大学生演讲团团长、书法协会会长、系团总支副书记、系学生党支部书记。成绩一直稳定在班级前列。大三下学期报名参加了学校首期名校联读计划，去清华大学做了一年旁听生，看清了自己的差距，明确了努力的方向，打开了视野，为自己从前的井底之见深感羞愧。那一年听了无数名家的讲座，上了好多感兴趣的课程，泡了很长时间的图书馆，交了几位志同道合的好朋友。现在看问题的远见和格局，与那一年受大师们的影响分不开。大学毕业时，正逢母校扩招，师资短缺，自己在清华学的正是学校所缺，于是选择了留校，担任一名专任教师，终于实现了小时候的职业理想。

大学毕业后留校任教，主讲 4 门课程。为了提升学历层次，我参加过五次研究生入学考试，前四次都因为目标设得太高失败。最后终于考取了。

读书期间，调任到学校的合作办学单位担任一个部门的负责人，一干就是8年。我属于开荒型的，从事的工作是全新的领域，是学校创新人才培养方式的试验性工作，没有可以借鉴参考的资源和经验，一点点从头摸索，克服各种困难。几年间我带出来的学生干部队伍，综合素质高，办事能力强，多人毕业后考取大学生村官、公务员，进国企、读研究生，每每想起来都挺自豪。

后来，调回到校本部，学校成立了创新创业学院，我成为副院长，又是一个全新的领域。为迅速了解双创工作，形成工作思路，打开局面，我主动走出去，参加各类相关会议、论坛、培训班，考取了高校创业指导师、二级创业咨询师，入选首批省级优秀创新创业导师人才库，并获评为全国万名创新创业导师。

一年前，学校中层干部换届，我被调整到组织部工作，负责全校二级单位、职能部门、科研机构的绩效管理工作。随着省里对各高校绩效考核的强度不断加大，校内绩效管理也要随着上级的政策和现实情况的变化不断做出调整，又一个全新的

　　　　　　　　　　　　　　　　正人性格

挑战在眼前，但我不惧怕。

正 A 不仅在学习工作中努力上进，在感情处理上也从容、理性，不伤人不伤己。

被家长灌输的学生就得以学业为重，所以学生生涯没有谈过恋爱，拒绝过几个男同学的好意，坚持在学业上高歌猛进。毕业后也没着急，忙着复习考研。后来，家长着急了，各路安排相亲，从众多的相亲对象中选了个暖男型的，相处还算融洽。快谈婚论嫁了，因为装修房子的事情谈崩了。他家里兄弟姐妹 3 个，他父亲的意思是我们要和他们住在对面屋、上下楼，我不愿意，他是个妈宝，最终谁也没妥协，还是分手了。事后反省，觉得自己还是不喜欢这种没主见、凡事依赖家里的乖乖男。

读研究生的时候，经人介绍相处过一个比自己大 12 岁的男人，异地恋，感情是靠电话、短信、QQ 来谈的，每日诗词歌赋的，让异乡的研究生生活变得有趣起来。这种柏拉图式的恋爱坚持了半年，因为前途渺茫，他理智地提出了分手。想去挽回，但又觉得他说的有道理，终究没有行动。

现在的先生是婚恋网站上认识的，聊了两年 QQ，还挺聊得来，一直当网友，没有见过面，彼此会给对方谈朋友出主意，我还把自己最好的朋友介绍给他。后来我们先后和当时相处的朋友分手，他提议见一面。于是大冬天的一个周末傍晚，我户外运动归来，灰头土脸地带着受伤的胳膊和他吃了碗牛肉面，感觉不陌生。接触的次数变多，发现价值观蛮一致，生活习惯也合拍，自然就走到了一起，相互支持着走到今天。

我属于典型的晚婚晚育。先生之前在部队工作，不经常回家，家里大事小情都是我来张罗。现在他退役了，在外地打工，会有连续几个月在外面工作的情况，除了上班，我还要照顾老人、陪伴儿子，每天忙得不亦乐乎。因为有之前的经验，还能应付得来。我和丈夫过着聚离参半的日子，有事商量着来，刚结婚那会儿也会因为谁多干点儿活之类偶有拌嘴，过了一两年的磨合期就步入"和谐社会"了。遇到困难会一起面对，我支持他的各种选择，包括事业上的巨大变化，包括生活中的各种喜好，不讲代价。我们都是穷孩子出身，过日子都比较节俭，物质上没有太多讲究，从不与人攀比房子车子、吃穿用戴，适合为宜，够用即可。家里的开销主要集中在精神生活上，比如旅行、买书、听音乐会、看剧场演出、参加培训等。

我们的共同爱好是户外运动、自驾旅行。从儿子3岁起，每年五一、十一、寒暑假，我都会带着儿子出行。今年8岁的儿子，足迹已经遍及20多个省、自治区、直辖市。因为先生没有寒暑假，大多数的旅行都是我独自带儿子，先生很支持，我很珍惜。

自我总结：理性、独立、目标感强、遇事冷静、在各种关系中保持温和的强势。追求秩序感，家中和办公室都收拾得井井有条，崇尚规则美。方位感好，几乎不迷路，走过的路一定记得。听到可怜人的故事，会想可怜之人必有可恨之处。守规则，不逾矩。空间想象能力差，缺乏创造力。深入交往的朋友不多，质量还不错。

天性

◈ 正 B

正 B 的成长，需要令他信服的榜样权威，需要有人给他正确的规矩规范、必要的细节指导。正 B，心中有信仰和信条，所以淡然而从容。

我生长在农村，一个并不富裕的家庭，爸爸是我的主要教育人，妈妈基本就是顺从我爸的意见。主要教育方式是说教，讲道理讲事实，列举发生在身边的事情来分析。爸爸聪明能干、勤奋努力，不发脾气的时候总是乐呵呵的，发起脾气来一大家子人都怕他。

爸爸并没有把我当小朋友看待。同龄的小朋友可以有时间玩，而我没有，除了上学，其他时间都是要干活儿，农活儿、家务活都要学着干，就是你学会多少就要帮着家里干多少，能替家里分担，自己也能提前学会一些生活技能，所谓"穷人的孩子早当家"，应该就是这么回事儿吧。

爸爸不会特别强迫我，记得小时候我特别胆小，不敢跟陌生人讲话，跟熟人打招呼也不敢，爸爸会让我学着尝试着去做，他说因为他小时候也胆小，能理解那种感受。一次次的尝试和锻炼，后来我长大了上学后就好了一点。因为从小就学着干活儿，所以我成为了别的家长眼里的好孩子，说我特别能干，让自己的孩子向我学习，我能感觉到我爸也特别开心。

小孩子还是有偷懒的时候，记得有一次，爸妈干活儿很晚才回来，我还没做饭，爸爸把我揍了一顿，记忆中爸爸就打过我一回。但就从那次爸爸打完以后我就不再偷懒了。

我很佩服我爸，觉得他从小就知道自己想要什么。他说那个年代不努力就没饭吃，所以他想方设法去学习。从小他灌输给我就是，想要好的生活，自己就要勤奋、努力学习，读书也好，其他生活技能也罢，都要学会。不能依赖别人，别让别人瞧不起，要让别人认可你，全靠自己去争取。

爸爸人缘也很好，都是他自己积累的，很多人找他干活儿，但他基本都不收取费用或者收很少的费用。其实那时候大家都很穷，爸爸理解大家的日子都不好过，能帮就一定会帮，久而久之村上的人都很信任他，要是农忙季节，或者家里有什么事情的时候，我爸不用请求支援就会有很多人自动到我们家帮忙。那时候我特别崇拜爸爸，一直都在向他学习，所以言传身教，我爸的行为对我影响极其大。

小学在村上读的，学校离我家很远，走路大概 1 小时左右，每天起得很早，因为还要干活儿所以比别的同学起得更早，那时候总会梦到自己迟到、作业没做完，结果醒来都是虚惊一场。

初中是在镇上读的，初中就住校了，一周回家一次。因为从小在家干活儿，所以住校并没有不适应，但是知道自己家庭条件不好，所以花钱买饭吃都会省吃俭用，每周一定会留一点饭钱，从学校食堂带点吃的回去给我妹。和我妹感情很好，每周日要返校了，妹妹不让我走，我走一步她跟一步，一路哭着送我出来，我心都碎了也跟着哭。但我没办法必须要去上学，就会劝她赶紧回家，我下周还会给你带好吃的回来，她才肯乖乖回去。

因为成绩一直一般，所以初三开始学习很吃力，成绩下滑，后来初中毕业就去县城读了技校。爸爸很理解我，一直都是讲道理、教方法，学习上面并没有逼迫我们一定要有什么样的成绩，只是教我们在外做事要勤奋、踏实肯干，自己努力取得别人的信任才有发展空间，所以我一直都是这么做事情的。

我一共做过两份工作，第一份是超市收银员、导购员。刚毕业为了积累经验，自己先在县城找了一份，工资待遇每月230元，真的是为了积累经验，什么活动都尝试去做，而且很积极、做事勤快，所以得到了很多人的好评。

第一份工作坚持做了一年，后来遇到其他公司招聘就去报名了，也就是现在的这份工作，至今坚持做了18年。在工作中遇到过很多瓶颈，通过自己的坚持慢慢消化了。18年里也积累了一些沟通技巧、团队意识和管理经验。一直勤勤恳恳、兢兢业业，不断摸索学习，相信只要不断努力，别人能干好的事情我也能做好，所以工作中不会斤斤计较，秉着多做事少说话的原则干活儿，是同事眼中的"老黄牛"，也很开心得到了同事们的认可。工作虽然有点累，但内心还是开心接受的。生活本就不易，自己没有别人聪明伶俐、能言快语的优势，就只有踏踏实实做好本职工作。

我很简单，老实人，没有那么多弯弯绕，所以有时候也会吃亏。爸爸安慰我，吃亏是福，但记住问题出在哪里，下次类似的事情就会做了，如果是人的问题，就要记住他是什么样的人，这种人不可深交。所以我一直心态很好，也挺理性的，上学时期虽然也有其他同学早恋，也有人向我示好，但我从来不理会，我心里想的是那都是20多岁以后的事儿，现在就应该做适合这个年纪的事情，常围着我身边转的那几个男生对我影响不大，我不认可的事情说什么都无用，所以我的感情生活是从我工作以后才开始的。我老公是我同事，比我大几岁，他对我很好，很会照顾人，也很有责任心，会做饭、爱干净，把自己宿舍收拾得很整齐，那个时候也到年龄了，我觉得他适合结婚所以就带回家了，我爸尊重我的选择，相信我是经过深思熟虑的，所以很顺利。

我和我老公性格刚好互补，比如沟通方面：我的话无论对方是敌是友，说话都很委婉，但是他不一样，他会先判断这个人，人品不好或者不友善，说话就很直接很果断，一定会表达出自己的看法，很明显感受到他强势我弱势，但他在生活方面很尊重我的意见，以我为主。

但是在教育孩子方面，我和我老公有时候意见不一样。他总要求孩子改缺点，我的意见是先让他的优点最大化发挥。有时候因为这事儿也会闹别扭，但结婚这么多年只是偶尔拌嘴也没有大吵大闹过，我一般事情是不会计较的，老公也懂得照顾我，所以家庭生活还算和睦。

我非常喜欢这样一句话：任何事情到了最后都是好的，如果不好，就说明还没有到最后。

正人性格

 # 正 C

　　C 在乎情绪情感的满足。生长于有爱环境的 C，得到足够的温情温暖，内心充满正能量，不会轻易被成长的压力所伤。长大之后的他，自信热情、得体大方，从内到外洋溢着幸福和满足。

　　我爸妈是完全不同类型的人。我妈几乎具备全部大正 A 的特点，比如数字感强，她总说当年数理化学的成绩如何如何好，能轻松找到规律窍门，对于数学的函数部分，她口算都能给出答案。现在她六十多岁，退休后炒股，经常跟我念叨赔了赚了的时候，会把几天前某几只股票的价格精确到分，打麻将或扑克时爱算牌，会猜出对家手里的牌……这些本领在我看来，就是特异功能，我几乎全不具备。

　　我妈属于目标明确、越挫越勇、超能奋斗进取的类型，所以在人生的各个时期，尤其是退休前，她都能出类拔萃。

　　她工作很忙，还要照顾生病的姥姥，休息时间少得可怜，但即使这样，她还是报了电大，主攻法律专业。那时的电大是全国统考，不像现在给钱就让过，当时很难考。在我记忆里，她总是下半夜还开着小台灯刻苦学习，结果当然是科科高分成功拿到学历（她50多岁又考了个法学研究生），那时，她是班里的老大姐（30多岁），和其他20岁左右的小屁孩一起上课，老师都比她小。

她在家很强势，拿主意的事都是她做，但当我爸觉得没面子时，她也会爽快同意放权给我爸，但她早就预料到我爸会撞南墙，她太聪明了，也太了解我爸，所以即使放权了，也会提前做好为他收拾烂摊子的准备，而且她几乎没有歇斯底里地埋怨过想逞能的我爸。

我很幸运的是，我妈太忙了，忙到没空管我，不然她拿自己的标准要求我，我肯定是个大"病"人！另一个幸运的点是，她简单又传统地认为，女儿念书考学没用，考个师专或护校早早工作嫁人得了，所以在学习上对我几乎是零干预，我作业没写完的话她会用大人的连笔字帮我写，然后还给老师写信让她少留作业，给孩子减负。

我印象里，我上学时，属于女生里比较淘的孩子，虽不像男孩子那样出格，可是老师评语里除了爱劳动就没什么好话了，但我爸我妈从不因为这些批评过我半分。所以我每回看到老师的评语都极其不在乎，心想"又是套话没创意"，批评我也无所谓，回家后照样好吃好喝好玩，没人会给我压力，全家仿佛都把老师当空气。

我爸不苛责我是因为他宠我。他带我出去玩，会把兜里的钱花光，比如带我去公园，给我买好吃的，但他却会饿着肚子回家，进门就喊饿，让我妈快点弄饭，而我的手里多半还拿着吃的。妈妈说，小时候，爸爸送我去幼儿园，都会陪我直到他上班快迟到了才离开。在去幼儿园的路上有家小卖店，在物资匮乏的80年代，烤鱼片牛肉干是我会铭记一辈子的美食，每天都让我爸买给我，一路吃着去幼儿园。

上学后，我爸经常在早上问我，你今天要多少零花钱，而通常是我要多少他就给多少，奇怪的是，我小小年纪就知道不多要，够买几个便宜的零食就够了。每逢春游运动会之类需要自备食物的活动，我爸就立马富豪附身，任我在商店里如指点江山般点东点西，他连问都不问是什么，就直接让服务员拿，然后付账。我小时候喜欢一种小剪刀，白钢的，亮闪闪还能折叠，我爸竟隔三差五地就给我买一把以博我一乐，以至于现在我快奔四了，还时不时能从哪个角落里找到几把当年的小剪刀。

后来上高中了，不需要他为我做什么的时候，他就特享受每天早上帮我背书包，我也是为让他开心，每天故意装出书包好沉不好背的样子，求他帮我，书包背上后，我俩相视一笑，那时的我，感觉幸福得想哭。

整个童年回忆起来感觉挺无拘无束的，亲朋好友都对我很好，除了爸妈以外，爷爷也格外对我好，而且会让我明确感知到。

小学时稀里糊涂不认真，印象里不守规矩，老师的评语经常是"上课爱搞小动作、散漫马虎"等，没啥好话。我有点小聪明，课程完全跟得上，再加上听老师的话，不提前交卷，交卷前要反复检查，所以成绩很好。

四年级时我所在的班级被分班了，我被分到了一个新班级，但令人不可思议的是，在进入新班级后的第一次期末考试中，我竟然是全班第一名！学生时代的人都是会莫名崇拜学霸的，于是我像突然登基称帝一般，一下子拥有了 N 多跟班，他们崇拜我巴结我，以和我交友为荣，我那时受宠若惊，人生中第一次从不被待见，到万众瞩目，我都想马上去死，好在我的光环褪去前，让大家只记住我辉煌的时刻，哈哈哈哈。

我那时暗恋一个小男生，人家是全年级的男神，和我同班，他学习也好，但没考过我，那时也对我刮目相看了，会主动和我说话，还说笑话！这在以前，是多么遥不可及呀！那时，是我人生中第一次感受到压力，因为我要保住光环，才能保住我那时拥有的一切。然而噩梦也就从那时开始了……

C 天性的人天生抗压能力弱，但是正 C 在压力前总能找到调节方法，不会被压力击垮。

自从我进入到了好学生的阵营，自己给自己的压力就与日俱增，对以前老师口中的目标突然开始走心了，听课时也瞪大了眼睛，考试前格外紧张，以至于接下来的所有在学校里的时光，都不再那么好玩了。

初中是家门口的一所口碑不好的学校，人称"狼窝"，混世魔王般的孩子几乎都在我那所初中。我妈找人把我送进了"重点班"，学校重点培养考重点高中，我妈说只是怕我受坏孩子干扰，并不求我能考上重点，确实在初三报考志愿时，她让我报师专。我爸不同意，非让我上了重点高中。

高中知识就不是白给了，尤其数理化，科科要命，我明显感觉智商不够，成绩一落千丈。高二时，赶上市里举办国际服装节，抽调我校女生去跳大型集体舞，那时男生女生心都散了，都放松起来不好好用功了，我就顿感压力小了很多，反倒可以慢慢琢磨知识点，还见缝插针地预习复习写作业，然后大家就都来抄我的作业，因为他们打着跳舞没时间的幌子都不努力了，那时我很有成就感，继而学得越发起劲，那个学期我考了年级第17名，四科成绩加起来比大多数同学五科的总分还高，我那个美呀！但重新回到优等生的阵营，就又是一场折磨的开始了。

本来，若成绩差的话，没有考上好大学倒也不让人意外，可现在大家看到了我的实力，就认定我一定是高手，把我当竞争对手，我的压力瞬间就变成大山压在身上喘不过气。第一次模拟考试，我数学答完了选择题后，就已经过去一小时了，面对后面的N道大题，我脑子一下爆炸了，怎么办怎么办，时间来不及了，我焦虑到慌张，努力让自己镇定下来，做第一道大题，我竟没有思路完全不会，我想，这第一题都不会，那后面的就更不用想了，肯定更难啊，与其分数可怜不如弃考得了，虽然零分但也不会让人知道是我答不出来啊，顶多被认为是精神紧张而已，于是，我就真的告诉监考老师我不答了，放弃。

提前出考场后，我独自走在回家的路上，脑袋嗡嗡的，很想哭，觉得自己太累了，身体累、心也累……可笑的是，那次考试，数学的确超难，班里平均分 40 来分，而我光选择题部分就得了 30 多分，我那个后悔啊，直怪自己抗压能力太差、太胆小！

不过，高考前我的抗压能力还是没有半点提高，反而彻底被打垮了，那么胆小的我竟然敢不上学了，让我妈告诉老师，我压力太大，念不了了，在家呆了三天，幸好在家也继续复习着没有荒废，我妈看报纸说当地一个综合医院里请了个心理医生帮考生治疗心理问题，我就和我妈去找她了，大夫问我为啥来，我说高考压力大，受不了了，然后那大夫拿出一个大册子，指着上面好几页的姓名列表给我看，说你这情况太正常了，你看多少学生来我这看病，都是说压力大，都是马上高考或中考的学生。

当我看到那长长的列表，我瞬间笑了，整个人马上就轻松了，原来大家都紧张啊，原来不止我一个人有压力啊！我的心理问题就这么简单地解决了！

后来我考上了师范大学，报了物理专业。其实我第一想报英语专业，但那时规定理科生不能报考文科类专业，所以只能退而求其次。后悔当时没有报第三志愿，就是心理学专业，因为高中时我的物理学得相对较好（主要是做大题有方法，只要

天性

让成年人找回自己，让孩子不被扭曲

落笔必拿分，但遗憾高考时物理小题失分太多，总分都不及格），而且我想让我的逻辑思维得到锻炼，变得好一些，就报了物理专业，现在想想，这不是给自己补短纠偏吗。

好在大学老师通常考前会给考试范围，他们也不希望学生们都挂科，所以即使我学得不是太明白，但考前把题目背一背还是可以轻松过关的。大三之前，虽然我不喜欢那些理科知识，但高中时的学习习惯还是延续了下来，极其压抑地刻苦努力着，这样做的结果当然是又跻身到了好学生的阵营，连年拿奖学金，但我很清楚，我成绩的取得完全是建立在学霸不学习而自己又死背题的基础上，没什么值得骄傲的，所以我每次都把奖学金捐个精光。

正C身上洋溢散发的温暖和感染力，是群体中的财富。

我还当上了学习部长，那段经历很有趣。我是个完全不会当领导的人，当选后，就告诉自己，领导就应该是孺子牛，就应该全心全意为大家服务，千万不能摆官架子。于是，我就成了最累的部长，大事小事都亲力亲为，不好意思给别人派任务，让各班学习委员传达或统计一些信息时，我都仿佛给她们添了很多麻烦，会觉得不好意思，只要我能做的事，就默默做了，不麻烦大家，以至于全系同学啥事都来找我，我俨然化身客服，不停接待有各种需求的同学，我还要求自己对待同学要和颜悦色，再忙也要帮助他们，不能不耐烦。

所以那段时间我的人气简直快爆棚，这也是为啥全系只选两名省优，我就占一个名额的原因，其实大四时我的成绩已经50名开外了，奖学金都没了，但还是得到了最有分量的荣誉。

有一件事，我挺为自己骄傲的。本科时有个女生，叫彦，人缘特差，差到被全寝室全班乃至全年级的男女同学排挤，有的学哥学姐、老师也因为听说这个人的事，而对她各种刁难。我也有耳闻。有一次在校园里碰到她，她十分热情地跟我搭话，说她考研很紧张，啥也不会之类的，我那时虽然也害怕被其他同学撞见我们走得这么近，想早点跟她说再见，但挨着这个黏黏糊糊的同学时，又觉得她说话挺逗的，是个有趣的人，所以我从心里也不烦她。

因为我就在家乡念的大学，所以经常跑回家不在宿舍住，在这个女生下铺的同学就找到我，求我跟她换寝室，不想跟彦住在一个屋里，看着她就烦。我就欣然答应了，心想，如果彦真是个讨厌的家伙，大不了我就回家住不见她就行了。可我换屋子的当天，彦就主动帮我铺被子，笑嘻嘻地跟我聊天，我惊讶于她的胸怀，怎么能有人如此心大，被人排挤成那样还能跟没事人一样交朋友，毫不自卑，换成我，早就跳楼了吧。

当天晚上，我实在不想学习了，好想出去逛街透透气，她就蹭过来非要跟我一起去，我迟疑了一下，怕同意后被其他人孤立，但又一想，我是学生干部，人气又那么旺，就算我跟她在一起，也没人敢对我说三道四，就算想说，也要给我三分薄面。另外，我也想探探彦的底细，好奇于她为啥把自己混得这么惨。那天逛街的全程，我除了发现她单纯到傻的特质，没有任何厌恶感。我俩一起吃臭豆腐，然后大声在公交车上说笑，熏得周围乘客直皱眉，下车后我俩乐得前仰后合。当有说有笑的我俩走进寝室的时候，其她姐妹都愣住了，奇怪于我俩怎么会好成那样。

以后的每一天，她都跟我腻在一起，这个没心眼的傻姑娘真心拿我当朋友，我也特欣赏她内心强大。之后的日子，大家都对她不那么敌视了，越来越多的同学愿意跟她说上几句，她对每一个跟她说话示好的同学都铭记于心，然后告诉我她们有多好，我实在不愿意告诉她，这些人曾经在诋毁她时卖了多少力气。

我们现在也保持着联系，她找了一个特爱她的老公，婆婆也是通情理的人，两个月前还生了二宝，生活美滋滋的。

　　　　　　　　　　　　　　　　　　　正人性格

本科毕业后，我妈建议我考研，希望我研究生毕业后能留校当大学老师，于是我就听了偶像的话去考研。导师是核结构领域里很有地位的年轻教授，为人低调耿直，学术能力全国闻名，我们以成为他的学生为荣，他听说过我，自然愿意收我为徒。可这对任何人来说的大好事，却是我另一个噩梦的开始。

我导师和我妈一个类型，大正A，不讲情面只谈业务，和我妈不同的是，他对我有要求，而且要求还很高，他那智商哪是我能企及的，我怎么能达到他的要求。于是研究生阶段就开启了"跑疯"模式，即不全身心投入研究，而是找各种我喜欢的事去做，到了博士阶段，更是变本加厉地跑，我甚至到一个高新技术企业去面试然后入职，然后还跟着公司出国。

除此，我还做了兼职英文翻译，带外国人旅游，帮企业投标，给人翻译资料；我还自己开了补课班，给各年龄孩子补课；去一个外语学校给外教当助手……这些不着调的副业都不断挑战着我导师的底线，但却让我觉得能自由地呼吸，不被学业压力压垮。这些副业我做得认认真真，处处得到肯定还赚到了一些钱，让我觉得很有意义，也让我觉得，即使博士读不好，以后也不至于没饭吃，生活上会很从容。

在公司里做得正起劲，也就是我在那家高新技术企业升任

天性

外事部副部长时，我向学校提出了退学。我先是跑到校研究生院院长那里问他退学怎么办理，结果他却劝我接着读书，又说毕业其实很简单，哪怕糊弄糊弄也能过关，我就鬼使神差地听了他的话回去了。

可坚持了一段时间后，公司要派我出国，先是美国，然后去阿联酋，还要去南非，主要是参加展会，基本等同于旅游，我这么爱玩怎么能不去，不但要去还要认认真真准备，自然更没时间忙科研了，于是鼓起勇气给导师打电话说明情况，并提出退学，他生气但也同意了，于是我连学校都没回，手续都没办，就心安理得地出国了，这一停就是大概一年多吧。

一年后，我给导师打电话，问他我还能接着读吗？他说："可以呀，这就对了嘛，可以延期毕业，这在国外很正常。"电话里的他完全没严厉没有责备反倒给我讲了讲延期毕业的相关规定，他似乎是一直在等我回心转意，而终于盼到了我的样子，我惊讶，可心里也暖暖的。

其实，那段时间，我也并不决绝非要退学不可，只是学术上没有起色做不出成绩感觉难受，想要逃离而已。如果不说出来，导师还会给我加码，我若再完不成，就会更郁闷，所以壮着胆子明确告诉他我不行反而因为坦白而感觉解脱。又要回去接着读，是纠结了很久考虑了很多才下的结论。主要原因是，我身边所有真心对我好的人，都没为我的离经叛道喝彩，也不认同我工作的能力，都觉得我这么决定不对，统统劝我再坚持一下把证拿下来，说那会对我有各种各样的好处。

我实在扛不住这些没完没了苦口婆心的劝说，仿佛不回去都对不起他们，于是，我妥协了，我大喊，我回去！为了你们！结果是，我别别扭扭地毕业了，答辩那天我导师对我的表现极其满意，因为我的表现能力特别好，加上多年不间断当老师，站到台上讲话的样子比平时有魅力得多，专家提问环节我准备充分应对自如，老师们都很满意，我的导师说："我这学生就这方面特别强，不知道还以为她学得多好似的。"

我的孩子四岁时要去幼儿园，我就陪她一起去了，应聘很轻松，因为我这个博士学历，让园方如获至宝，拿我当招牌，而我的初衷只是想陪伴我自己的孩子而已，我怕她被老师过度约束或受到其他不公正的对待。我管自己叫"金牌卧底"，就是潜伏在幼儿园内部的人，直接审视这个园的办学质量。我和孩子都很幸运，这个园的园长抓教学、抓员工素养，整个团队阳光有爱，我又带动着老师钻研课程，经常举办讲课比赛，提高教学能力，这是一个让我乐于待的单位，今年又续约了，准

天性

备再干一年。

在幼儿园的工作让我接触到大量儿童，我一下子看到那么多孩子竟然和我的孩子明显不同，以前，我都认为，学龄前宝宝都差不多，只是有的调皮有的乖点而已，但实际上，孩子间的差异很大，天性特征各有不同。所以我对儿童教育领域的研究更感兴趣了。

有孩子前，我妈是我的偶像，我什么都听她的，包括她说大学不要早恋，我就绝对不在大学时恋爱。但大四刚毕业的那个夏天，我妈就给我安排了相亲，周末两天见了两个。我没谈过恋爱，不知道如何与异性直奔婚姻地去接触，感觉超级别扭，烦死相亲了，但认识的人也没人主动跟我表白，我唯有靠相亲解决终身大事了。大概见了十几二十个人，终于选定了我老公。

他是一个军人，老实，只有亲兄弟，没有父母。我妈一眼就相中，说人好、职业好、对我也好，没有父母让我省去婆媳矛盾，并会让他死心塌地扑向娘家。我这从来不用左脑的人，竟然理性地分析并接受了妈妈的建议。我用近一年考察并确定这个男人，他对我爱得死心塌地，于是义无反顾地选择了这个长得土气打扮土气曾让我毫无心动感觉的好男人。

婚后发现他的确优点多多，现在看来是个大正 B 偏 C。他喜欢收拾屋子，动手能力强，我家和别人家损坏的任何东西他都能神奇复原。在单位人缘好，粉丝一大帮，业务能力也强到少有人能比，接受我的懒馋、黏糊，尤其是不务正业。

有孩子后，孩子跟他比跟我还亲。他从来不给孩子定规矩，宠着惯着任由她闺女各种作，网上有爸爸把自己扮成各种怪样子逗孩子开心的事例，在我家都是常事，女儿跟她玩到半夜十二点都不带累的，他宠女儿的样子，就跟我爸宠我一个样。这令我十分满意。

另外，他也把我宠得没边。他在部队不能回家的时候，天天早上都从单位跑回家给我做好早餐再匆匆跑回单位，实在不能回来的话，前一天一定会把饭准备好。工资卡在我手里不说，自己手里还一分钱不留，都是我主动给他塞点钱，他却说每天也用不到钱，即使他把钱花了，也是给我和孩子买一大包水果之类的东西留在家里，自己不舍得吃。

他好像特别喜欢我给他安排事情做，所以我经常就是动动嘴，好多家事就都让他承担了，他不嫌累不抱怨，还乐呵呵跟我汇报，所以我现在更懒了。他做任何事都告诉我，而我好多事懒得详细说，所以他经常不知道我第二天又会到哪里疯。我特别羡慕他勤快、有耐心、脾气好，他把女儿完全带成了温暖有爱的大正C公主。

自我总结：

1.重感情，需要对爱有确定感，对我好的人我就爱他，并愿意听他的，即使他做了错事，我也会无原则地安慰袒护。对不喜欢我的人，我会远离。

2.依赖计算器，数字感方向感其实超差，都对不起物理学博士的头衔。

3.不喜欢压力，本能地逃跑或忘记。我忘事的本领超强，尤其是不愉快的感受，脑中像有个橡皮擦似的，全部给抹掉，即使还留有印痕，也不会贱兮兮地主动回忆。

4.我在意别人的感受，绝不让自己成为别人的负担，我基本都是笑着说话，几乎不会对陌生人板着脸。

5.有些亲近的人做了错事，我不会直接指出来，会考虑别人的感受，侧面让他体会到。同时不善于拒绝，即使做不到，也婉转地回应，虽然是出于照顾别人的感受，但大家说我这样是不负责任，所以我现在正在改正，以后明确拒绝。

6.我恋家，孩子3岁才和老妈分开住，那时我35岁，我总觉得离开我妈，我会饿死脏死。

 # 正D

正D的成长，必须基于自由宽松的环境，不被各种条条框框束缚。在鼓励夸奖而非批评教育的氛围里成长。正D，幽默风趣、心胸宽广、纯真可爱。

我的父母气质截然相反，有时候我甚至很纳闷他们怎么就能彼此看对了眼呢？

先说父亲。爸爸是北方爷们，我的爷爷奶奶都是高级知识分子，家境殷实，他们非常开明，这使得我父亲的成长环境十分宽松、自由和民主。

他爱好广泛，运动、器乐、阅读、下棋、摄影等全都不在话下。

他搞怪调皮。直到我出生后，他还干过跟人打牌输了顶尿盆的糗事。我小时候，即便是在大街上，他也会故意出洋相逗我开心，根本不理会旁人的眼光。

他才华横溢。看过的书过目不忘，还能神采飞扬地讲给别人听；他文章写得好，字也相当漂亮。

他聪明灵气。不会的乐器只要在手里摆弄一会儿，肯定能奏出像样的旋律来；一根粗糙的木条在他手里，不一会儿就变成一支光滑笔直的教鞭。

他风趣幽默。我小时候，他一边做饭一边给我讲的笑话，我现在讲给女儿听，还能把她逗得前仰后合。

他智慧豁达。我都奔四的人了，有些想不开的事情，只要他三言两语我便豁然开朗。

然而，集这么多优点于一身，还不算完！他年轻时还是个超级大帅哥！长得很像三浦友和！搁现在，得让无数少女舔屏！

可以说，我的父亲在一定程度上充当了我的择偶标准。因为标准过高，我屡战屡败，此处暂且不表。

当然了，他还是需要有个别缺点的：

我爸骨子里比较清高，真正看得上的人没几个，因此不惧权威。我也一样，我老公说我生平一大爱好就是喜欢挑战各种条条框框。

再说母亲。妈妈是上海人。外公外婆也是知识分子，外公英年早逝，外婆带着三个孩子改嫁后，家境大不如前。

我妈妈争强好胜，干什么、说什么都不会比别人差。往往说出来的话能把人噎个全死——万一噎个半死那一定是因为手下留情。

她勤快麻利、聪明能干、活泼开朗，笑声极具感染力，这一点遗传给了我，哈哈哈。

她没心没肺。心很大、不记仇，吵过的架、拌过的嘴，挥一挥衣袖，啥也不带走。她对钱财也一样心大，这一点跟我爹非常契合，两人对金钱看得都很淡。

我妈的缺点是她情商比较低，不太懂得体恤别人的情感，只顾表达自己的想法。说好听了，这叫心直口快，说不好听就是说话根本不走脑子。

我的童年，回忆起来挺幸福的，爸爸妈妈给我的爱非常温暖。我是独生女，因此小时候在物质上我得到的满足比同龄的很多孩子都要多。

我是个比较活泼的小女孩。在幼儿园虽然年龄小，但是爱唱爱跳，还经常在老师不在教室的时候被安排在前面给小朋友讲故事。其实那些故事，有些是爸爸妈妈给我讲的，更多的纯粹就是我瞎编的。讲这些不着调的故事时，看着下面小朋友们无知又期盼的眼神，我内心里各种窃笑。

母亲对我的管教严于父亲，但貌似都不在点上，因为没什么事情给我留下深刻的印象。

爸爸对我的教育总结起来四个字：无为而治——绝对的宽容、宽松。

我小学读的是实验班，老师留的作业那叫一个"惨绝人寰"。好像是四年级的时候，有一次，我一看作业太多就索性不写，麻溜洗洗睡了。第二天老师让罚站，我那不怕死的劲头又上来了，就不站，继而请家长。我惴惴不安地告诉爸爸，他坦然地去了，回来时满面笑容，和蔼地跟我说都解决了。至今我也不知道咋解决的。

那段时间，爸爸唯一一次对我虎着脸是因为发现我抄了一篇作文，抄自小时候人手一本的《小学生优秀作文选》。我只记得，当时我被叫到爸爸的书房，他拿着我的作文气得脸都绿了。很久，他才说了一句话："你这是偷东西！"从此以后，我没有再抄过一篇文章。

小学阶段，我的成绩一直不错，而且是不用费什么劲就可以考第一的那种。由于从小上实验班，阅读量一直比较大，这个习惯使我受益终身。

上初一时，我的成绩依旧很好，全年级 300 多人，我的成绩可以排进前十名，作文也经常被贴在公告栏里。

但故事总归要有反转才精彩。初二，我进入了青春叛逆期。这个时候，爸妈相继从大西北回到了我的身边。从我妈的角度看当时的我应该是这样的：这孩子几年没管，怎么浑成这样了呢？初二的我，逃课、早恋，学习成绩一落千丈。最后有件事情彻底激怒了爸爸：我找外校的小混混把我们学校的一个男生给揍了，小混混被逮住，说出了我的名字。我爹这辈子第一次也是唯一一次打我耳光。

这个耳光结束了我的叛逆期。尽管后来的一年里，我被老师们树立成全年级的反面典型，但我还是在初三这一年里成功逆袭，中考时考取了一所不错的高中——故事又一次反转，哈哈。

高中过得没什么波澜，我贪玩，性格开朗，因此跟班里的男生女生都相处甚欢。但男生通常玩着玩着就开始给我写小纸条，对此我很郁闷。班主任老师对我寄予厚望，我当初是第一名考进班里的，可是因为贪玩，学习成绩一直不上不下，始终不怎么着调，大量的时间都用来看各种课外书了。而所有的任课老师都嫌我上课太能说话了，我创造了一项纪录：在前后左右坐满了班里最木讷同学的情况下，用大约两周的时间让他们变得"开朗"起来，好陪我上课聊天，叽叽叽。

后来，上了大学。虽然是女生，但我常常是班里最调皮的那个，老师好像不太喜欢我，因为我老有一些他们无法接受的想法和做法；但是在同学之间，我的人缘还算不错。大学成绩我纯粹是靠小聪明得来的：考试前一晚发狠看一晚上书，肯定能过就是了。

大学毕业后，我通过竞聘进入一家事业单位。我的业务能力没啥问题，还代表单位获过奖。但是我这个人呢，你知道的，桀骜不驯、锋芒毕露。这个铁饭碗最终以我跟一把手公开干了一仗而被砸了个稀烂——我辞职了。

离开事业单位后，我来到了帝都。在外企和合资企业中，我的能力逐渐得到赏识。先做了一阵子产品经理，但我还是惊讶地发现，自己做商务沟通比做产品设计更要得心应手，所以转向了商务拓展、部门管理这类工作。期间还成功干掉了我的一位顶头上司，取而代之。

如果上面的内容你已经看得很疲惫了，那么这一段你们要有足够的心理准备，哈哈哈。我的情感经历有点多，前面说了，都是择偶标准太高闹的。因此，此处省略 20 万字。

直到我遇到了现在的老公。他聪明、善良、宽容，是唯一一个知道我情感经历的男友，我们费了很大的周折才走到一起，其间分分合合几次。他也并不是我理想的男友 style，但他最了解我，甚至比我自己还要透彻；而且他对我的平日里那些胡作非为和浑不讲理始终都能包容和理解。这么多年，也吵架也闹别扭，但我和他之间心灵的高度契合是我们情感的根基，很难动摇。

其他方面，我的爱好很广泛，什么旅行摄影追美剧，什么游泳唱歌广场舞，什么写作下棋太极拳，反正啥都能来两下，但水平就不好说啦。

我也算是爱学习，但每一样都持续不了太长时间，深入不进去。

初识我的人，都会觉得我有点冷。但相处了几次后，就发现原来我的心是火热火热的。

从小到大，我在圈子里都是比较能让大家开心的人。看了我的自述，你开心不？

天性

孩子转正案例

给负 A 孩子转正，要严厉，要坚定，不能被他的各种要挟吓退。建立原则，明确奖惩，重点是"惩"的部分，一定要到让他惧怕的程度。有一个讲道理、有原则、又让他惧怕的教育者，A 才能转正。"已所不欲，勿施于人"这句话，很适合用于时时提醒转正中的负 A。

负 B 孩子的转正，是停止夸奖、建立规则的过程。纪律严明、细节到位。不求结果，但必须做好过程，做好应做的一切。负 B 转正需要建立权威，对于初期必然会出现的反抗，必须坚定"镇压"。如果教育者能够做到：态度坚定且细节管控到位。负 B 转正不难。

对待负了的 C 孩子，更需要无条件、无原则的宠。这里的宠不是目的，而是手段，是为了让孩子真的感觉到，你对他的好，不讲条件、没有限制。负 C 转正的过程中，通常会出现一段"特别作"的倒退表现。要理解这是正常的，这个时候一定要坚持继续宠、继续爱，给他足足的信赖和依靠。

负 D 孩子转正，需要家长真正从心里理解孩子，给他所需要的自由空间和鼓励支持。最怕家长总是这种念头，"对他够宽松了，怎么还不能如何如何"。纠结于具体事情结果上的家长，并没能真正地理解 D 孩子。只有家长真正带着同情和理解看待 D

孩子，让 D 真正感受到被同情和理解，才会迎来柳暗花明。

　　"病"孩子的转正，首先需要去除那些强压强迫。如果之前有打骂，必须立刻停止、彻底杜绝。接下来则是建立自信的过程，鼓励他展现发挥天性上的优势和亮点，找到找回自己的强项。

负 A 转正案例——强硬管教，让"小白眼狼"变得有担当

说起我家的熊孩子小 A，不得不先提一下我悲惨的童年，因为所有的"矛盾纠葛"都是从这里埋下伏笔的。

我娘是一个特别要强、特别讲原则、对孩子要求特别高的人。而我偏偏跟她不一样，也永远达不到她的要求。她无法接受，我怎么就不能像她一样坚强勇敢？我的懒散、"三天打渔、两天晒网"常常让她抓狂。于是我几乎每天都被强迫做些根本就不愿意做的事情。我爹就更恐怖了，他对我的不满，常常以暴揍我的方式宣泄，那种宣泄就像是在打一只狗，我到现在都不懂，他打我的时候心不疼吗？

在他们的"合力"下，我的脾气越来越暴躁、性格越来越自卑，也越来越不快乐、越来越讨厌自己。那时候，我在心里暗暗发誓，等我有了孩子，我一定会给他最好的，一定不会打他骂他，我会让全世界都对他温柔相待，让他健康快乐地成长。

2011 年，我终于迎来了可爱的小天使。我毅然决然地辞去了工作，没有半点留恋地做起了全职妈妈。所有事情我都亲力亲为，我要把我最想要的童年，充满爱和自由的美好生活统统给他，让他的世界多姿多彩。

宠出来一个"白眼狼"

我是如何宠他的呢？

6 个月大时，他明明可以自己拿起勺子，因为有些费力就发脾气哭闹起来，我心疼他，就一直由着他饭来张口，直到他上幼儿园，我还"理直气壮"地对他说，"在家里你想妈妈喂到几岁就几岁，都听你的。"

8 个月大时，他明明可以自己独立坐在宝宝椅里，和我们一起进餐，就是因为他不乐意地大哭，我把他抱到自己怀里对他说，"以后妈妈就是你的餐椅，你想坐多久就坐多久。只要你快乐！"

12 个月大时，当他傻傻地看着被他砸坏的玩具，我却笑着对他说："没事，妈妈再给你买，玩具买回来就是给你玩的，至于怎么玩你说了算。"

2 岁时，我带着他去闺蜜家作客，他把闺蜜家的客厅翻得乱七八糟，闺蜜压着火对我说："你太娇惯他了，这样下去要

孩子转正案例

出乱子的。"我生气地对闺蜜说："一会儿我帮你收拾成原来的样子就是了。"闺蜜语重心长地对我说："我不是要和一个孩子计较，可是我真的觉得你在养一只'白眼狼'，他和你是不一样的人，你这样反而是害了他！"我火了，迅速收拾完闺蜜的客厅，抱着我儿子头也不回地走了。

3 岁时，我给他选了一个附近最好的幼儿园，那里的老师和蔼可亲，可是半个月后，我就被老师叫去了。老师说我儿子差点把一个孩子从楼梯上踢下去。我简直不敢相信自己的耳朵，我想一定是老师弄错了，因为这孩子明明很善良啊，他看动画片里感人的情节都能陪着我一起流泪，一个胆小黏人的孩子怎么可能会做出这么可怕的事情？我一路狂奔赶到幼儿园，儿子一见到我，就一脸委屈地抱住我。我问他发生了什么事，他说同学欺负他，所以他还了手。哦，原来是自卫啊，那他有什么错？

他告诉我："我怕我早操做得不好别人会笑话我。"我对他说："没事，你不想做就不做。"

他说幼儿园的午饭像"猪食"，我理解地说："那么难吃的东西不吃也罢，没关系，等放学回来妈妈给你做好吃的。"

他说幼儿园的床太小自己睡不好。我说："没事，那就不睡。"

然而这一切换来的却是幼儿园老师越来越多的投诉：昨天又打人了，今天又抢别人东西了……可是每次他都告诉我，是别人先开始的，是别人先欺负他的。我都信了。

但我越来越不懂，他和我在一起的时候明明就是一只温柔的小绵羊，为何在幼儿园却像一个蛮不讲理的"熊孩子"？于是我给他换了一个幼儿园，可是照样经常被老师投诉，问题并没有发生实质性的改变。

我开始学习各种育儿经，尝试各种方法，却一点帮助也没有。我不断反省自己，难道是我给的爱还不够？

进入小学，他变得更加暴躁易怒，老师管他的时候居然被他打了，他还在那里一边哭一边大喊："是老师打我，是老师打我。"我抱着他温柔地说："你不能打老师啊。"可能是因为我没有帮着他，他居然扬起手要打我，老师拉住他说："你不可以打妈妈！"他生气地一脚就踢在了老师手上。就是那一脚，我彻底醒了。我这才发现，闺蜜说的一点没错，我真的养了一只"白眼狼"。

够强硬才能掰正小负 A

2017 年 10 月，我带他参加了南京的天性周末营，被判定为负 A。我的心里很难过，他本该是一个充满阳光、积极上进的正 A 少年，现在却成了一只人见人厌的"小暴龙"，他的内心一定也很痛苦吧！我开始系统认真地读泡爸的两本书：《你的蜜糖，他的毒药》《天性》，特别留心了其中关于 A 的描述。原来 A 所需要的，是原则清晰、奖惩分明、压力式的教育，根本不是我这种温情宠爱的方式。

好吧好吧，我承认，我家的这个孩子是 A，而我却从自己的喜好出发，给了他错位的教育。适合 C 孩子的宠爱关怀，用给 A，就养出了负 A。我要抛开之前那些"结果不重要"、"成绩不重要"、"只要他自由自在、快快乐乐"的想法，从这一刻起化身为狼妈，我要让他恢复正 A 的本性，陪他一起去把他丢失的、想要的，统统用正确的方法夺回来。

我申请了陪读，针对他在学校发生的问题一点一点地严格要求他，从做早操开始。我们之间的战争彻底爆发了。从宽到严，对于小 A 来说是极度不适应，他要反抗。他打我耳光，扯我头发，我的心痛得无以复加。

这还是我一直以来深深爱着的儿子吗？在他面前不敢哭，我就躲起来哭，前前后后哭了三个晚上。

天性教育说，教育 A 孩子，要目标化、严奖惩。对待负

A，则首先要治服，要有让他敬畏的人。

终于，我鼓足勇气，在小A又一次犯浑时，我第一次狠狠打了他一顿，打得他服服贴贴。接下来我开始为他制订一个又一个目标，保证每一个目标，他稍微努力一下，就可以完成。我是个C天性的人，对他如此严格，我时常怀疑自己是不是错了，看着他辛苦地拼搏，我常常是强压着自己想要心疼他的冲动。对于他的歪理，我强迫自己不和他争论，只说要求或者只说错误，再不行就一定是比他更强硬，否则，我一定会被他带进坑里。

帮着他转正陪读的这一学期，也不是一直都顺顺利利的。小A会时不时反抗一下，可是随着一次又一次的镇压，他嚣张的气焰越来越弱，对自己的要求却越来越高，出现的状况越来越少，情绪越来越稳定。骄纵跋扈渐渐消失了，会帮助同学了，偶尔也知道谦让了，作业认真完成了，写不好的字自己知道要重新来过了。我们的亲子关系也比以前更和谐了，他知道主动帮我做家务了，出门会帮我提东西了，甚至我蹲在地上整理东西的时候都能主动去拿个凳子给我。

每一件小事情都让我感动得想哭，可是我在心里不断提醒自己：他是A，他是A，感性的夸奖不适合他。于是我强忍着眼泪，面不改色地对他说，"恩，不错，继续保持住，这才是一个好孩子该做的。"

我现在特别认同泡爸的一句话：教育的出发点，不是家长的喜好，而是孩子的天性。我现在教育小 A 的方式，曾经是被我从内心里深深抵触的"毒药"，但却是小 A 最受用的方式。

所以，爱孩子，请一定要顺应每个孩子的天性，给他们真正需要的。别让他们变成连他们自己都厌恶的样子。

愿每一个小天使都不被扭曲，快快乐乐地展示真实而优秀的自己！

（案例提供：南京辅导师馒头）

天性

让成年人找回自己，让孩子不被扭曲

负 B 转正案例——窝里横也能变成自律典范

刚刚过去的寒假，对我和儿子来说意义非凡。因为我送他参加了"顺应天性的教育"三亚冬令营。对儿子的教育，我有很多困惑。签完冬令营合同，把儿子正式交给了老师后，我期待着关于儿子天性的答案。

关于儿子的教育困惑

回想儿子小时候，省心、安静、专注，学东西一学就会，记忆力非常好。可上了幼儿园后，他的劣势开始显现：适应能力不强，难以融入，不会交朋友。刚上幼儿园时，他不跟小朋友玩，也不跟别人说话，老师带孩子们出去玩，他就一个人在班里坐着。中午吃得很少，也不睡觉，自己躺在床上，睡不着也不敢动，就因为老师说过不让乱动。每次下午去接他，别的孩子满教室跑着玩，只有他坐在凳子上可怜巴巴地望着门口，看到我也不动，因为要等老师喊到名字才可以出来！看他这个可怜的样子，我心都碎了：孩子，这是为什么呀？

一年半以后，跟同学们熟悉起来了，他偶尔也会很开心地玩耍，不过大部分时间还是一个人游离在外，无法融入集体。有次放学回家后他跟我说："妈妈，我不喜欢吃豆芽，每次都是逼着自己吃完的！"听他这样说，我特别心疼！却又不知道能做什么。

等上了小学，问题变得突出了。虽然他的学习成绩很好，老师一直反映他很乖，但我知道，他并不快乐！到了上学期结束，他突然跟我说："妈妈，我想退学，我不想上学了，你给我换个学校吧！我一个朋友都没有，他们都不跟我玩！"我想，最担心的问题还是来了。做妈妈的我看着他孤独无力的样子，分外扎心！这孩子到底怎么了？是我的教育出了问题么？

冬令营第六天，答案揭晓。跟营的辅导老师告诉我：孩子本该是个规矩听话、淡定从容的 B，可是因为我对他的放养，孩子负了，成了一个骄傲、不专注、不踏实的负 B，对自己要求低，却总是去挑剔别人，还会欺负更小的孩子。我开始回想起他负 B 的表现。

在我没有二宝之前，儿子经常和一个小表妹玩，因为奶奶重男轻女，总要妹妹让着他，慢慢地习惯了，他就总是欺负妹妹。和他说了，不许欺负妹妹，可是下次见了面还是欺负她！家里有了弟弟后，他就开始欺负弟弟，抢玩具，故意说一些话来气弟弟，弟弟说好，他非说不好，弟弟说香，他非说臭……如此这般的事情太多太多了，每天都像在打仗！

后来知道，这就是负B的窝里横。还有，他特别怕困难，不愿意坚持，看见字多就不想写了；注意力不集中，总是提各种要求，自己制定规则，跟妹妹玩游戏，玩不了两分钟就要变规则，一会这样，一会那样，事儿特别多！

面对负B儿子威胁"你打死我吧"，泡爸教我霸气应对

知道判定结果是负B后，虽然早有心理准备（之前我的预判也是B），可还是小小地失落了一下。我是一个D，孩子是个B，对角养育可不是简单的事情啊！

作为一个崇尚自由、随性、没规矩的D，完全不了解B的想法。我有一大堆的问题想问泡爸。有一个问题我记得非常清楚。在参营前半年时间里，因为预判儿子是B，开始按B的方法严格管教他，儿子反应激烈，经常会说："你打死我吧！打死我你就省心了！"他一说这样的话，我就下不了手，也不知道怎么应对。泡爸说："你就告诉他，第一，你不会死，妈妈

也不会让你死；第二，就算你要死，也得经过妈妈的同意！"当时我还疑惑，这么霸气地对待小 B，他真想不开怎么办？但我还是把泡爸这句话记在心里，就等着儿子再说这种话时，霸气地扔出来。

当儿子又说"你打死我吧"时，我照搬泡爸的话，结果呢？小 B 一声不吭，偃旗息鼓，从此再没说过类似的话！当时，我心里那个狂喜啊！没有任何词语可以形容我的心情，我终于治住他了！泡爸果真有办法！

先接纳，再顺应 B 的天性特点对症养育

从三亚冬令营回来后，我就开始按照老师说的方法教育儿子。

首先，接受他所有跟我不一样的地方。

动作慢、选择困难、开不得玩笑、问什么都说不知道、什么事都问我、一个细小的点交待不到他就卡壳……这些以前让我崩溃的点，只是他的天性劣势，我应该接纳。相对应的，细致、听话、规矩、耐性好、执行力强，这些是他的优势，我应该去帮他找回和激发。因为那些年的逆天性散养，他的这些 B天性优势基本消失了。接受这些之后，我的情绪平静了许多。顺应天性，就是无条件接纳孩子，这是让孩子转正的根本。

天性

让成年人找回自己，让孩子不被扭曲

第二，心情平静后，就开始给他立规矩、列计划，并严格监督他执行。

在这个过程中，我也有很多纠结，怕分寸把握得不好。比如，计划是不是安排得太满了？孩子会不会太累？在询问了老师之后，我确定，计划要合理细致，细致到什么程度呢？每20分钟为单位做计划。B娃很勤快、不怕累，他不怕事多，怕的是没事干。

第三，有了细致的计划，剩下的就是严格执行了，这是最关键的一点。

刚开始执行时，孩子会反抗、会说累、会躺在床上耍赖。我绝不心软，逼他就范！几天后，我发现他开始自己主动询问，是不是该写作业了？是不是该读书了？我的运动计划今天还没有完成呢？偶尔有特殊情况耽误了计划，他会想办法补上。对我也没有那么多为什么了，能马上执行我的命令，对弟弟也好了很多，以前坐车时总是跟弟弟争着坐在前面，自从我把他的位置固定在后排，他会自觉坐上他自己的位置，再也没有跟弟弟争抢过！还有一件事让我这个D很佩服：他能陪着他姥姥把无聊的老人操从头做到尾，动作还很标准。这个，我绝对做不到啊！

最后，把必须遵守的规矩写在纸上，贴在墙上，一旦违规，严格惩罚，甚至是打，打到他怕！当然打也只是偶尔为之，一般打过后，小B也就服了。

D妈如何克服自身劣势，为孩子做出努力与改变

想知道作为一个D，是如何克服自己的天性劣势，去教养和我处处相反的B孩子的？

真是一把鼻涕一把泪啊！我想了好多种办法，自己画表格、定规则，把家里墙上贴得到处都是。为了让自己能记住每天该走的流程，我用了大半夜的时间，在手机上设置了无数提醒，为的是到点提醒我该干什么。我这么懒的人，能坚持每天下午陪小B在学校操场跑上两圈，每个月最不舒服的那几天都没有间断；他写作业我就在后面看着，强调要认真细致，不求速度，只求过程中的专心致志、一步步到位；遇到他不想坚持，我压住满腔的怒火，耐心地鼓励。(那时候我的脸肯定拉得老长！)渐渐地，我也形成了习惯，做事情先想好步骤，再告诉儿子，每天该做什么也不用手机提醒了。(这里要为所有顺应天性，为孩子改变自己的爸爸妈妈们点赞)

再说爸爸。爸爸是个强势脾气暴躁的A，小B很怕他。爸爸为了他，收敛了自己的脾气，尽量不发火，耐心地教他，陪

他学游泳，陪他学架子鼓……

慢慢地，孩子的坚持力显现出来了。一次游完泳回来，爸爸跟我说："他就是跟我学，我游泳，他就一直跟着游，别的孩子都在打闹玩耍了，只有他还在坚持练习！"

上星期轮到儿子打扫班级卫生，我教会他步骤、方法后，他一个人就把他该做的做完了。有个家长嫌他碍事，让他出去，他也不管，也不说话，就干他自己的活，后来那个家长看到他摆好的桌子，一直在夸奖他，说他摆得非常整齐，他还是不说话。一个星期五天，每天都只有他一个孩子跟我们大人一起打扫，最后检查一遍再锁门，这时候，其他孩子都出去玩了。看到这样坚持细致的小B，我的心里真高兴。

小B转正的过程中，我觉得还有一件事值得一提。以前他从早上起床到出门都是慌慌张张的，还总是迟到。现在，早上闹铃一响，我及时赶到床边，摸摸他的脸，叫叫他的名字，等他稍稍清醒，我就重复每天早上的话：五分钟起床，五分钟洗脸刷牙，十五分钟吃饭，五分钟出门准备。（天天这几句，作为一个D我都烦死了）说完这几句话，他就开始自己穿衣服了，每天都是半小时就出门，从不迟到！

感谢泡爸，感谢顺应天性的教育！没有让孩子在负的路上

　　　　　　　　　　　　　　　　　孩子转正案例

走太远！希望在我的改变下，用一个学期，让孩子转正，找回那个真正的自己！

（案例提供：河南濮阳辅导师喇叭花）

负 C 转正案例——抛弃那些以爱之名的伤害

初见

2018 年深圳冬令营，第一次见铛铛。清秀帅气的小男生，身体有些羸弱，略显羞涩。入营第一个晚上，铛铛多次说自己肚子疼，但却始终无法说清怎么不舒服。由于事发时铛铛的妈妈在飞机上无法取得联系，在排除了病理性原因后，我们只好采取抚慰的办法，让孩子慢慢放松下来后睡着了。事后了解到，他在家时这种无缘无故的肚子疼也经常发生，休息一下自动会好。我的第一感觉，这会不会是孩子情绪的紧张、不安，映射到了身体上？

在夏令营的几天活动中，铛铛经常处于游离状态：人是乖乖待在队伍里，但经常走神，对游戏规则很迷糊，不明白别人在玩什么，对胜负也没啥感觉。

他还总是丢三落四，水杯丢了几次找回来之后，最终还是丢了（他以为丢了，结营后却被妈妈从行李箱里翻了出来）；甚至完全不懂得照顾自己，没有好好吃饭的习惯，天气暖了，增减衣服方面也特别固执，总是不肯脱掉他那件迷彩羽绒服。

冬令营期间有个古城寻宝的活动，游戏有难度，铛铛完成不了，中途便放弃了。他们组成绩倒数第一，孩子情绪自然不是太好。晚上，他想跟妈妈打电话，也许是想诉说，也许是想寻求安慰……我在微信上事前暗示妈妈不要提孩子未能坚持的事，但电话里还是问起了古城寻宝，尽管妈妈语气极力保持平和，也没有过多的指责，但是话里话外的期许，还是能感觉到她的失望。打完电话，铛铛的情绪明显更加低落了。他跟我说："老师，我头好疼，我想睡觉了。"

在铛铛身上，我明显看到了情绪对孩子身体带来的伤害。在他不开心、安全感缺失、焦虑的时候，经常出现头疼、肚子疼等各种不舒服症状，也正是因为情绪的问题，导致注意力比较差，相应的理解能力、思维能力，包括照顾自己的能力都弱于同龄的孩子。

我们判定铛铛是个C孩子，但在父母的期许和压力下，孩子产生了病负。

天性

让成年人找回自己，让孩子不被扭曲

病负源头

孩子变成病负C，是因为父母的教育简单粗暴吗？是因为打骂吗？是父母不够爱孩子吗？通通不是！是因为父母用错了方法。

铠铠的家庭环境很好，不管是物质条件，还是父母的陪伴关爱，都是极其富足的。爸爸妈妈都是高级知识分子，事业有成、家庭和谐幸福。铠铠的妈妈是个很精致、会生活、很聪慧的女人，喜欢读书绘画、喜欢思考、活力十足、非常有见地。为了更好地照顾两个儿子，她在事业和家庭中做了取舍，在事业上升期调整了自己的重心，将非常多的时间和精力用在照顾孩子上。

她花了很多心思去研究各种教育理论，亲自教导孩子。妈妈对孩子有着很高的期望，帮孩子找了很多学习资料，包括思维导图、全英文小学数学教学等。虽然都是一些寓教于乐的教养方法，但在教导的过程中，不可避免地会对铠铠提出要求、规矩，铠铠完不成或者反抗时就会爆发母子冲突，冲突越多，铠铠学习起来就越发地吃力。

有两个孩子的家庭，无形之中孩子之间会有比较。这个家庭，弟弟是A，哥哥是C，弟弟坚强独立很省心，凡事都能尽全力达到父母的要求，但这些并不是哥哥的强项，或者哥哥可以做到，但有了比较，也多了一些失落。

铛铛对妈妈很依恋，他悄悄和我说最喜欢的事情就是小时候被妈妈抱在怀里，听着妈妈唱歌。但是自从有了弟弟，妈妈很少有时间抱他了，一方面弟弟还小需要花很多时间照顾，另外一方面铛铛长大了，妈妈不喜欢大男孩儿还那么黏人，甚至经常会把他推开。铛铛提起之前被妈妈抱在怀里的回忆，表情很温暖，眼中有星星。

妈妈之前对铛铛的教育强调自立、喜欢讲道理。因为付出得比较多，期望很高，铛铛往往达不到要求。妈妈抓狂时会言语辱骂他，甚至偶尔会动手打他，有时候怕冲突、怕控制不住自己的脾气，会采取冷处理的方式，和孩子分开。把孩子或者自己关进房间里，晾着孩子让他自己反省。这种晾着孩子自己反省的方式，对 C 娃的伤害其实是比较大的，传递了"我对你很失望，你要认真反思自己的过错"的信息。

以上种种导致了孩子的自信被摧残，铛铛承受不了压力时就会反抗，反抗会造成进一步的压制，慢慢孩子就从正，变成了负，又从负变成了病的状态。父母为了给孩子更好的教育，付出了非常多的心力财力。在跟孩子对抗的过程中，父母自

天性

己也很受伤，但却没有意识到，以父母自身的价值观为出发点的教育方式，虽以爱为名，实际上并不适合孩子，反而伤害了孩子。

改变

在冬令营的家长面谈环节，铠铠妈妈知道了孩子是病负C，当我说到"孩子内心的那团心火压抑得都快没了"时，铠铠妈妈止不住地流泪，她特别懊悔之前对待孩子的种种，对我们提出的对C要"用爱滋养、静待花开"的教育建议，她非常接受，也愿意用爱与宽容去帮铠铠转正。

让我钦佩的是铠铠妈妈的自我调整速度。面谈结束后，她迅速收拾好内心的震惊、失落和迷茫，笑容满面地迎接铠铠的归来。第二天上午接到铠铠，下午就带着他去大梅沙喜来登的海边玩了起来，给铠铠一个没有弟弟打扰、完全属于他们俩的亲子时光。在海边，母子一起玩耍、一起大声背诵语文书上的《脚印》，感受着大海沙滩的魅力，铠铠那天玩得非常开心，回去以后，还在妈妈的指导下留下画作，记录自己的美好心情。

回家之后，铠铠妈妈调整了作息，弟弟去和爸爸睡，自己跟铠铠一起睡。像孩子期望的那样，妈妈经常会抱他、唱歌给他听。对铠铠，妈妈降低了内心的期望值，放下种种要求和焦虑，不再给孩子安排学习任务、不再因完不成进度而抓狂吼孩子。转换心态后的妈妈，开始接纳孩子的慢慢吞吞、特别怕困难等学习表现，耐心地陪伴他、鼓励他、帮助他。

在调整了心态后，铛铛妈妈发现，自己开始能够欣赏孩子一点一滴的成长和改变，开始全身心接纳孩子的优缺点。这时候，铛铛眼中的妈妈，不再是一头暴龙，而是他的温柔港湾。

在学校里，妈妈也给孩子撑起了保护伞。她积极跟老师进行沟通，希望老师也降低对铛铛的要求，帮助孩子培养自信；与铛铛爸爸、爷爷奶奶、外公外婆沟通，告诉他们铛铛和弟弟的思维偏好不同，不能像之前那样采取同样的教育方式，要给铛铛更多的宠爱。

铛铛很享受这个过程，妈妈调整了，孩子也跟着变了。他慢慢对学习也没有那么抵触了，没有了父母的催促，他反而会主动完成作业，上课能主动回答问题，学习效率也高了很多，灵气就这样慢慢出来了。

最典型的改变是：考完试回家不再是低着头说"妈妈，告诉你一个坏消息，我今天又没考好"，而是变成一回家先吃一通，告诉妈妈考试的分数不再是他的压力，无论是考得好还是坏，都语气平和，不再自责。因为妈妈告诉他，"考试只是检测他学习效果的一个手段，考好了那是高兴，没考好就提示我们继续努力呗。"事实是铠铠的高分次数越来越多。当一切进入良性循环，卸下压力的铠铠还经常会有一些发散性的想法，让铠铠妈妈都赞赏不已，妈妈的认可和鼓励给了铠铠更大的勇气和自信，大脑接受信息的能力也在不断提高。

在看到孩子的转变后，铠铠妈妈更加理解了顺应天性、尊重孩子思维偏好的重要性。之前按家长自己的思维偏好来教育孩子，总是很拧巴，冲突重重。现在按孩子能接受的方式来，顺应天性，教育效果立竿见影。

当然，转正的过程并不一帆风顺。转正中的铠铠也做出了一些令爸爸妈妈失望的事情，譬如有时候欺负弟弟，跟爸爸玩闹的过程中，闹恼了就跟爸爸发脾气，做了很伤爸爸心的事情；有时候被没收了手机也会爆发冲突，但这些不愉快是铠铠转正过程中的正常表现。

我们相信，妈妈也有信心、有行动，孩子会离正越来越近。

（案例提供：深圳辅导师慧慧）

负 D 转正案例——孩子，我从此跟你站一边

　　大家好，很高兴今天来跟大家分享一个故事，这是一个很长的故事，故事的主人公是我亲爱的儿子，他叫小冬。

　　因为我们工作繁忙，小冬从出生到幼儿园中班，都是由老人帮带，他们用自以为的"爱"支配着他，要把他变成"乖孩子"。到了幼儿园，矛盾开始突出，小冬没有自理能力，不懂如何跟同学交流，只会用尖叫来表达各种情绪。他就像一只马力十足的蹿天猴、尖叫鸡。每个孩子可能做的糗事、挫事，能犯的低级错误，他都尝试了一遍。在学校里，他就是一个异类，无视纪律、游离涣散；在家里则任性闯祸、肆意妄为。

　　幼儿园老师每次跟我告状，我都深信不疑。我觉得自己就像一个卑微的救火员，低声下气地去跟其他孩子的家长道歉。可是，往往前一天晚上我刚苦口婆心地教育了他，第二天老师又会投诉新的问题。

因为工作关系我能接触到很多出类拔萃的小童星、小学霸，可当我拖着疲惫的身体回家却只能忍受无止尽的失望和噪声。于是我按捺不住怒火，开始有了第一次打他，然后有了第二次，后来慢慢打他也打顺了手。

刚开始打骂是有效的，小冬会害怕，有时候强忍住眼泪不敢哭。我还为此洋洋自得，觉得制服了他。可渐渐地，他出现了反抗的苗头，变得油腔滑调、顶嘴、敏感暴躁。面对他一问三不知、根本无法沟通的样子，我的暴躁也随之升级，摔门、摔他的东西，就差没把他摔进垃圾桶。我恨他无赖顽劣，恨他烂泥扶不上墙！

有一次我狠狠甩了小冬一巴掌，然后回到自己房间打算消消气。他一脸害怕地悄悄跑进来告诉我：妈妈，我的嘴唇出血了。我一看，嘴唇真的被我打破了，不由心里一软，顺手抱了抱他。没想到他竟紧紧抱住我嚎啕大哭起来，伤心地整个身体都在发抖。那一刻，我心里特别难受，一直以来，我以为打骂是解决我和他之间问题的终极武器，但这一刻我才发现，矛盾依然存在，甚至越来越激化，我很担心，终有一天，会如火山般爆发，且一发而不可收拾。

我浑身无力，因为我真的搞不明白，他究竟是怎样的孩

　　　　　　　　　　　　　　　　　　孩子转正案例

子？我该如何教育他，如何和他沟通？他从我肚子里生出来，却感觉如此陌生。

在束手无措的时候，我无意间接触到了"顺应天性的教育"理论。在听说可以通过活动判断孩子的天性，帮助家长正确弄懂孩子后，我毫不犹豫地报名参加了顺应天性教育无锡周末营。

他参加活动的那天，我曾想过很多种他洋相出尽的丑态，我甚至有点可怜那个陪他活动的辅导老师。我等着他们跟我说结果："真同情你，你的儿子真是不可救药了。"但结果却让我大跌眼镜，他在判定当天表现出的秩序感、亲和力、互助性是我从来没想到的。这一天没有人指责他，大家都在表扬他、鼓励他，气氛轻松温暖。

最后的判定结果，小冬天性是D偏C，本应是个爱自由又温情善良、灵动且充满创造力的孩子，可惜，在我们违逆天性的教育下，他成了负D，变得焦虑尖刻、孤僻逃避。

回到家我开始反省自己，说到底，我和他一样，也是个D呀！一个很爱折腾的人！

小时候，父母没空管我，家里冷冷清清，缺乏交流。母亲总是拿我跟其他孩子比较，训斥我一事无成，这是她唯一激励

天性

让成年人找回自己，让孩子不被扭曲

我的方式。当年的我是无助的，从没享受过一个温暖的拥抱，所有的痛苦都只能自己承担。渐渐地，我的感情变得淡漠，尤其是亲情，我对父母无话想说，即便是长大后也抗拒与他们亲密，例如和母亲拉着手一起逛街。

初中到高中时期，我选择逃避和叛逆来自我抵抗压力，我只愿活在自己的世界里，因为我真的一无所有。我甚至讨厌自己，整天胡思乱想行为怪异。这样的状态一直延续到大学，我获得了身心的自由，在受到老师赞赏、思维逐渐成熟后，我才开始慢慢转变。难道让同样的历史重演？不行！我完全可以避免小冬重蹈覆辙！

在了解了我的小冬到底是个什么样的孩子，他最需要的又是什么之后，我开始站在孩子那一边。在一次家长见面日上，老师又当着所有同学和家长的面不分青红皂白狠狠地批评了小冬，我第一次和老师吵了起来。

我紧紧握住小冬的手说："妈妈相信你，不要害怕！"小冬呆呆地望着我，眼睛里除了惊恐和委屈之外，更多的是其他的东西。那一刻我自己的眼泪都差点流下来。我强势地将他带离了教室，那一瞬间我觉得自己是个勇士，我要让他重新获得光明的人生！

D孩子最需要的是什么？自由！学校又是一个什么地方？规矩！

一个D孩子在一个只讲规矩的学校，受到的委屈和痛苦确实不是每个人都能体会的。他们被贴上差生的标签，对他们批评的话被念成顺口溜。不问对错与原因，他们承担所有的过错：和同学互相闹着玩，手脚重了点，被说成"故意打人"；和同学一起画画，不小心互相涂到身上，叫做"故意乱画"；和同学排队走人家前面去了，叫做"故意插队"……因为无法严格遵守学校的规矩，他们遭受排挤，没有人愿意跟他们做朋友，甚至有些孩子会故意欺负他们，然后恶人先告状，并以此为乐。

老师也确实辛苦，一个人面对那么多孩子，心力憔悴时，也难免会有焦躁的时候。不守规矩的D孩子，正好成了这样的反面教材，习惯成自然后，D孩子"坏"的标签想撕也撕不下来了。

作为一个D，小冬希望表现自己，希望参加各种活动、希望被表扬、希望交到好朋友，可是他却活得连尊严都没有。

我本来考虑让小冬转学，但是他还有两个多月就幼儿园毕业了，即使是转班都来不及了。权衡之下我决定让小冬去勇敢

天性

让成年人找回自己，让孩子不被扭曲

适应这样的校园遭遇，逃避始终不是出路，拥有一颗强大的心才是正解。

小冬说他愿意给老师最后一次机会，他要做观察员去观察老师会不会再胡乱批评他。我说如果有同学依然想来诬陷你该怎么办，他说我要比他先告诉老师。我说如果老师根本不相信你呢，如果再去冤枉你，你会难过么？他说："没关系，因为妈妈相信我。"

于是我的小冬成了观察员一号（代号"红眼睛"），他每天都在观察，观察如果在自己每件事情都做好的情况下，老师对他的态度，然后回家跟观察员二号（妈妈，代号"短尾巴"）进行分析。终于，小冬愿意分享他的错误和进步，愿意更多地去交流和沟通，至少这也是迈出了成功的第一步吧。

可是这样的爱与包容，对于我这个负D家长来说，每天都是煎熬。每天，我自己也有很多的情绪需要处理，和小冬共情并不是一件容易的事，尤其是精力透支的时候，要忍耐克制所有的怒火去跟孩子共情，那个过程仿佛是一场炼狱。明知这是一个漫长的、需要坚持的过程，但我仍然会操之过急。但是有一点我在慢慢做到：在忍不住发了脾气后，我会立刻意识到并且进行反省，训斥小冬的话到了嘴边，也会尽量变成调侃式的批评，果然，这比直接训斥效果好太多了。

孩子的爸爸太教条，啰啰嗦嗦，已经被我禁言了。我告诉他，如果不是表扬孩子，就尽量少说话。他也知道我的努力，大家相互监督，也算相互扶持磕磕碰碰一起前进。

我每天都在自我调节，改变习惯需要精力和体力。每当我精神好的时候尽量把需要做的事情都做完，以保证精神差的时候能立刻休息，因为疲劳容易让人烦躁。

感谢顺应天性的教育，感谢周末营的辅导老师，让我重新认识了自己，让我明白自己最需要的是什么，让我有信心去改变自己。在判定小冬的天性之后，我加入了D天性孩子的官方群，和更多D天性孩子的家长在一起共同探讨、互相启发。看了那么多D孩子在顺应天性养育后开始转变，表现出他们灵动、创意、艺术等方面的优秀后，我对我的小冬充满了信心。

当然，我还要感谢努力转正中的自己，虽然这个转正的过程极其痛苦，可是，爱与责任本就不是简单的事，为了孩子，为了自己，我愿意去改变自己。我要和我的小冬一起，凤凰涅槃。

（案例提供：无锡天性俱乐部会员。辅导师小若整理）

天性

让成年人找回自己，让孩子不被扭曲

读懂天性　读懂人生

天性是与生俱来的，没有哪个人可以"逃脱"天性的影响。即便你从不知晓"天性"的定义，天性也在引领着你。

所谓冥冥，常是天性使然。

你会被什么样的人吸引，你会吸引什么样的人；你跟谁合适，跟谁不合适。

你做什么可以成，做什么则不成；什么样的事情让你快乐，什么样的事情会让你烦恼。

在重要的人生关口，你会做出什么样的选择，你最终会走上什么样的人生道路。

天性的规律、天性的指引，常常起到决定性的作用。

顺应天性　顺势而为

　　害怕被人说傻，就无法挥洒热情；担心被批冷酷，就难以展示理性；不能被批死板，坚韧何以表达？如果不能不着调，创意思想哪里来？——优势劣势从来都是对应存在，从天性的角度，中庸就是平庸，平庸就是压抑。

　　从来没有既谨慎小心又满脑子创意的人；体贴黏人的大多不擅长逻辑思考、不喜欢竞争挑战；唐僧牛顿那样的人，不可能柔情蜜意、儿女情长。形象完美、各种优势尽揽的高大上人物，只能出现在英雄电影或经过粉饰的个人传记里。

　　天性上的劣势缺点，孩子改不掉，成年人也改不掉。多数人眼中的成长成熟，不过是学会了遮掩隐藏，或者被成功掩盖。

　　特别坚强的人，一定情感淡漠；特别有爱心的人，一定缺乏逻辑；创意无限的，必然缺少规范意识；勤恳踏实的，想象力一定是弱项。常常表现出对角优势的人，必定生活在纠结矛盾之中，反而最需要被同情。他的成长教育，一定是逆天性的。

谁都不应该为天性自卑

每种天性都有劣势。没有完美的人，也没有错误的人，只有错误的观念和认知。

C 不理性就要被批，D 坐不住就要被骂。A 不懂关心就要被讨伐，B 没创意就要被教育。忽略每个人身上的优势而专注于发现缺点，或者揪住一个人的劣势固执地放大，没有意义且制造自卑。

特蕾莎修女有很多不科学不理性的做法，能因此否定她的奉献么？因为牛顿跋扈伤人，就否定他的科学发现？当然不能。不科学不理性的人，来到世上，是为了奉献无私情感，温暖润滑这个世界的。这种情感，正因不理性才更有意义。每种天性都是世界所需。常常贬低 C 天性不够理智的 A 同学，想一想，"关心关爱、温暖情怀"，你和他，谁能更纯粹地付出？

天性服从的人，要否定他，强化他的独立性么？不，要帮他的，是提高辨识能力，找到可以"盲从"的人或信条。天性反叛的人，要否定他，给他在纪律性上补齐么？不，要帮他的，是提高创造能力，找到打破的目的和意义。

不同的天性，有不同的价值。让牛顿那一类"愣"人，去外交、去慈善，行吗？当然不行，因为他太理性、太较真。比他更适合成为爱心大使的，是戴安娜夫人、特蕾莎修女那一类。她们逻辑能力不够、理性匮乏、情感泛滥、原则不强的"弱点"，正是对情绪、情感、关系的感受，和共情协调能力的优势。

大多数人，要走过这样的人生三阶段：

阶段一，盲目自信。以为自己的弱点劣势都可以克服，别人的优势成就都能够拿来。

阶段二，深夜痛哭。终于明白自己的不完美。失望，因为得到的不是想要的；绝望，想要的貌似再也得不到。

阶段三，浴火重生。彻底接受有缺陷的自己，找到自己独特的价值。自此，他人的目光、世俗的标准，终于被抛之脑后。

找回自己，从接纳自己开始。

读懂天性，更加宽容

读懂天性，才能读懂他人。读懂他人，才能成就真正的宽容。

这种宽容，不是卑微和懦弱，不是自我渺小化的宗教式臣服，更不是承认所谓原生的罪孽。而是真正的自信，以及建立在自信之上，对自己和他人的接纳：在天性的角度上，每个人都是平等的。

天 性

让成年人找回自己，让孩子不被扭曲

人和人的差异，除了长相智商，最重要的，在于能不能与自己和谐相处，也可以区分为：这是一个值得欣赏的人，还是一个值得同情的人。

有高度，必宽容。如何消除对一个人的敌意和恨？站在人性的角度，理解他、同情他。要知道，每个人的现在，都是天性加经历（重点在于成长期所受的教育）的结果。天性并无优劣之分，教育却有顺逆之差。他的问题，也是被逆的结果。

理解了天性差异，你会变成这样的人：

一、不好说话。那些违背天性，只是符合所谓世俗标准的事，你理直气壮，不想做了。

二、不爱生气。许许多多的矛盾，不过是不同天性、不同角度的解读所造成的误解。有什么好生气的？

站在天性的高度，你会发现：所谓"看不惯"，很多只是源于"天性不同"所带来的思考沟通、行事方式的差异，而不是先前以为的"标准和道德"问题。那些所谓"标准和道德"，常常不过是负人的武器和"病"人的借口。

对天性的理解越是深入，讨厌的人就会越来越少，我们的目光，更多是欣赏或同情。当然，那些恶意冒犯你的除外，你又不是耶稣、佛陀。

两个迥然不同的孩子，让我读懂天性、接纳自己

我一直特别讨厌小孩，打心里不喜欢甚至厌恶。觉得他们是恶魔，不听话，只会哭闹，不断地从别人那里索取。直到我的孩子降生，我发现他们那么弱小，那么需要成人的呵护，我的心才软了下来。

孩子出生后，可能是因为我身体不好的原因，孩子发育也不是很好，爱生病，"病"负D的我，本来就很焦虑，这下子更加怀疑自己了。

我需要帮助，但婆婆对孩子漠不关心（我觉得她是负A），当我向她寻求帮助的时候，得到的只是指责。越是需要帮助，得到的指责越多。日复一日地不断循环，让我很崩溃。公公也通过老公传达对我的不喜欢，不喜欢我的粗线条、不喜欢我的怪脾气，希望我做事要仔细、希望我规矩温柔，这些更让我倍感压力。

还好，老公对我没有任何要求，一直对我很宽容，并且告诉我，孩子身体不好，不是我无能造成的，任何人都没有办法改变。我应该相信我自己，没有人能够做得比我更好。这让我觉得稍微轻松一些，找到些自信，因为我真的是很努力了。

记得我小的时候，老是被爸妈批评：调皮、不听话、做事

马虎、有头无尾、不听劝、自大不谦虚、不讲道理、霸道。想着自己工作的这几年，也许真的是这些毛病没有改正过来，所以老是不能达到自己的目标。如果我一开始就踏踏实实的，是不是一切都会改变？

更不幸的是，我在孩子身上看见了自己的影子，而且更调皮，更不服管。想到自己，我愈发焦虑了，于是开始非常严格地要求孩子，希望她能改掉那些缺点。但是，一个婴儿，她是毫无规律可言的，不难想象，我的"管教"没能起到多少作用。

后来，孩子上了幼儿园，也总是带回坏消息。老师反映她不好管教、个性太鲜明、太不自律。大一点了还是如此，我越焦虑，越是严厉，效果却越差，她越来越成为一个急躁、脾气大、难管的孩子。我真心感到自己无论如何都管不好她，特别失落，特别有失败感。

后来我又怀孕了。老二的到来简直就是他姐姐的救星。因为我发现同样的父母、同样的管教方式，两个孩子的表现却迥然不同。姐姐：做事易分心、马虎、好强，什么事都感兴趣，一学就会又都是浅尝辄止；弟弟：重视规则、服从性高，做事有始有终，学东西比较慢，喜欢深挖。

这让我开始反思自己的教育，为什么同样的教育模式对老大，会感到无比吃力，而对老二却是异常轻松，这其中一定有什么我没有发现的原因。但是答案似乎很难找，我一直不得其解。

　　真是惊喜，以前听过那么多的育儿理念，也反复不断地检讨、尝试，但是总有隔靴挠痒的感觉，总也解决不了根本性的问题，或者说，总有很多想不明白的困惑。无意中发现了"顺应天性的教育"，我一下子有种茅塞顿开的感觉。原来，这两个孩子的区别、同样教育两种结果的原因，都是因为他们的天性不同。而我的方法，虽然是同样的，但对两个不同的孩子，结果却是一个顺应了天性，另一个却逆了天性。

　　而且我欣喜地发现，我身边的人都可以在天性里面找到位置。我也找到了我自己，原来，我对自己的不喜欢，是因为"病"负的原因，我受的教育，没有肯定、发扬我的天性，我是压抑的、纠结的。我之所以不喜欢孩子，其实就是在否定小时候的自己。

　　现在，我对教育好这两个孩子充满信心，也在努力给自己"转正"，肯定自己、找对方向，在自己的天性优势上找回自信。

天　性

让成年人找回自己，让孩子不被扭曲

❀ 对角才是真爱

对立统一，差异互补，是自然的规律，也是人性的规律。

天性之所以分为四种，一定来自于人类的进化。推动这一进化的，可能是协作。不同天性间的差异，使得人类的能力多样化；不同天性的互补与融合，构成更紧密的组织，达成更有效的协作。

你最珍惜和需要的朋友，往往是跟你最不同的那位。因为，每个人都需要一个对角天性的朋友，只有他，才能从相反的角度，又站在你的利益上，提醒你、帮助你。而且，正因为他所具备的优势，恰是你的不足，所以，你才会长期地、真心地欣赏他、需要他。

爱情的相互吸引，尤其如此。爱人，最需要对立的天性。因为，爱情需要相互欣赏，爱情更是一种补缺。对方身上那些你不具备的优势亮点，才是你所需要的补充和安慰。

A 的理性、坚定正是 C 所缺，黏软的 C 需要 A 的坚强支撑；

C 的温暖、温情正是 A 所缺，冷硬的 A 需要 C 的情义包容；

B 的谨慎、认真正是 D 所缺，活跃的 D 需要 B 的坚韧坚守；

D 的灵性、趣味正是 B 所缺，沉静的 B 需要 D 的活力热情。

只有 C 能够融化 A，只有 A 才能"罩住"C；

只有 D 能够点燃 B，只有 B 才能"牵住"D。

纠结于对方哪哪不如你，是毫无意义的。为什么他没有你的优点，那是因为他没有你的缺点。优劣势总是对应而生的。他的身上，没有那些跟你一样的缺点，而他的优势可以互补你的劣势，这才是更重要的。

因为不同，所以才互相补充。你缺失的，他有；他不足的，你强。当两个人都理解了天性，就更能发现欣赏对方天性上的亮点，而不是以个人的喜好强求对方。

天性相同的异性，长期共同生活非常困难。你在他身上看到的，尽是自己的缺点，没办法长期欣赏他。天性相反的异性，你开始或许不接受他，甚至讨厌他，因为他的做事方式总是跟你不一样。但是，爱上一个跟你不一样的人，而且变得离不开他，那才是真的爱情。

有时，两个对角的爱人，即便智商层次、价值观相仿，也无

天性

让成年人找回自己，让孩子不被扭曲

法相互接受，原因大多在于：两个人都是负人。对角的两个负人，同样会相互扎伤。而一"病"一负，因为一个强、一个弱，一个"索取"、一个"付出"，却往往能够长期相处。

真爱，需要理性感性的互补。但强势弱势的互补，在生活中的重要性，更大。

两个强势上脑，即使非"病"非负，要组成家庭，长期生活在一起，也是一件极其考验人品的事：都不认为自己错的时候，两个强势的家伙，谁来主动让步、缓和？

不懂，才煎熬。明明天性不合适，却为了"现实"的需求，或者受"文艺化的真爱"概念所误导，非要选择天性不匹配的伴侣，那真是自寻烦恼。

不懂，更可惜。如果不是出于"病"负的原因，不是因为层次境界差别过大，仅仅因为天性对角不同，然后认定"你跟我不一样"而放弃，那真是令人可惜的决定。

"病"负 D 与正 B 的真爱模板

我生于 1981 年，属鸡，出生在湘西北一个农村家庭，独生女。

因为曾经发生过跟别的小孩打架的事件，以及头撞到石头上的流血事件，小时候妈妈把我管得很严。我家是独栋的房

读懂天性 读懂人生

子，她不让我去别人家玩，所以我的童年多数时间是很孤独的。没人陪我玩的时候，我就看书，五年级时家里才有一台黑白电视机，但每天写完作业好不容易等新闻联播播完，刚刚把电视剧看了个开头，我妈就会大喊大叫："八点半了，还不去睡觉啊？"然后我就只能躺在床上在脑海里续写没看完的电视剧，慢慢入睡。

那时候感觉生活特别单调，每天就是上学、放学，相比起来，我更愿意上学，每到寒暑假就特别难熬，每天都数着日子盼开学。因为学校里有同学，而且我学习成绩一向很好，在那里能找到存在感和自豪感。而在家里，父母总是对我要求很严格，有什么做得不好，轻则呵斥、重则打骂。不是因为他们不喜欢我，他们是没有重男轻女思想的，是因为爷爷的偏见，让他们觉得受了气，需要我用优异的表现来为他们争气，于是我只能以一次又一次的高分、一张又一张的奖状来给他们增光。

从初中到大学的 10 年间，追过我的男生不少，但和老公在一起是我唯一一次正儿八经的恋爱。

跟老公是在上大学的火车上认识的。他当时上军校，我对军装有天生的亲近感，我们在车上聊了很久，下车时他给了我地址，后来书信往来三年多，他一直对我很好，但从不表白，不管我怎么试探、逼他，都不表白，大概怕失败。直到大四的时候才表白，让我来北京读研，他出钱。后来我以省优秀毕业生的身份到北京找工作，虽然能自己解决进京指标，但找工作的过程依然曲折，老公一路陪着我。他因为我放弃去深圳，背负了很大的压力。为了给我找工作到处找人，还给人家送钱，一万一万地扔，扔得我肉疼，那是他一年的工资啊。

到了单位好几个大妈给我介绍对象，我都婉拒了。刚工作就结婚，朋友都说我死心眼。军婚要政审，我还因此被领导批，说我刚毕业就结婚，影响不好。但那时候我认定老公是这个世界上对我最好的人，一门心思只想跟老公在一起。所以毅然决然领了证，但一年后才办婚礼。

那时候我们很幸福，虽然各住各的宿舍，一周才见一次，有时甚至见不上，但心里总是想着对方。矛盾出现在回老家办婚礼的时候。我是独女，他兄弟姐妹多，我父母要求他入赘我家，孩子得随我姓，我父母想当然地认为他不会在意这些，但是他坚决拒绝，于是陷入僵局。我坚决地站在老公这一方，父母更加生气，差一点就办不成了。当然后来还是父母心疼我，婚礼如期举行，但心里从此有了芥蒂。后来有了孩子，父母旧事重提，大家都很不愉快。慢慢地我父母开始嫌弃他，说他个子不高，也没本事，养不起二胎，嘴巴不甜，对老人不孝顺。这些我都是站在老公这一方的。

经济上，老公不控制我，反而鼓励我给自己买东西，当然前提肯定是他信得过。但我是个对自己很残忍的人，没孩子的时候对自己很好，有孩子之后开始对自己苛刻了。以前看到喜欢的东西，只要不是奢侈品我都会毫不犹豫地买，现在特别舍不得。也可能是经济压力比较大的原因，我要把以前花在自己身上的钱，拿来给父母花，给老公花，给孩子花，有时候觉得自己很伟大，用自己的能力去爱该爱的人。可是有时候又会替自己委屈，觉得自己很可怜，总是在纠结中。其实我的条件也没差到那个份上，但我是个没有安全感的人，所以从来不会把钱花完，或者超前消费，比如我出门带500，肯定会留100回来，永远不会让自己处于山穷水尽的地步。我总是会想很多，为以后打算，为长远打算，总觉得要攒钱。

在外面跟同事、朋友，我都是很好相处的人，热情开朗、乐于助人，以至于前几年好多男同事喜欢跟我开开玩笑，后来我意识到不太好就有意保持距离了。但我在家里，连一句废话都不愿意说。比如我跟我老公或者我妈说话，说一遍没听见，最多说两遍，绝不说第三遍，说第三遍一定是发火，为这个，

天性

我老公总说我脾气暴，他说我什么都好，就是脾气不好，而这个缺点可以掩盖所有的优点。

我有时候对我妈妈态度很不好，但是她不在身边的时候打电话还好。这点是受我妈妈影响。我小时候，我妈妈就这样，不说重复的话，对我很凶，但是心情好的时候又对我很好，可是我从来不敢跟她撒娇。

由于从小生活在父母吵架的阴影下，长大后，我对老公唯一的要求就是脾气要好，不能跟我吵架。跟我老公从认识到结婚，5年的时间，还真没吵过架。

我老公他这人很理智，做事很认真，有毅力，3年间自学过了司法考试，那时候通过率才7%。他不善于表达情感，从来不黏人，也不会哄人，做事作为男人来说不算麻利，比如出门，一般都是我等他，他要收拾一下的。还很固执，想要改变一个习惯特别特别难。

2011年的时候，恰逢七年之痒，又新房装修，很多事，我俩要么不交流，要么就吵架，差点都想离了算了。后来我想要改变，我想，婚姻是要继续的，既然我改变不了他，那就只能改变自己。然后慢慢地调整，发现他也没有那么讨厌。到现在，感情还算可以。

我比他小 5 岁，是 80 后，他 70 后，当初我一是看中他的上进心，二是觉得他脾气好，对我好，三是觉得他比我大 5 岁，应该算是成熟稳重。后来发现，他就是个大孩子，情商低，在和女人相处方面完全白痴。我比他年轻，比他形象好，比他聪明，工作也稳定，收入不算高但经济独立，家里没负担。作为 80 后，我勤勤恳恳，家务活全包；作为独生女，没有大小姐的毛病，唯一的缺点就是有时候会发火，情绪控制不好。以前他单位同事就跟他开玩笑，说他找到我，还不把我供起来，小心被人抢了。可是在他这我完全没有优越感，完全体会不到他对我的重视和珍惜，他好像不懂感情，我觉得他完全可以一个人生活，不需要老婆。他是军人出身，生活自理能力很强，一般家务都会干，感情需求也不高，也不喜欢我黏着他，他真的不需要老婆啊。有句话说得很对：男人只会变老而不会成熟。他有点愣愣的，完全不懂女人心思。

　　记得结婚前有次我发烧，给他打电话，其实病得也不是那么重，我只是需要他而已。他在单位，第一反应是给那个我们经常用车的黑车司机打电话，接我去医院，我当时就爆发了：我说他是我什么人啊，我病了让他来接我去医院，那我要你干什么？而他的解释是：他不在我身边，从他单位到我单位有十几公里，晚上不好坐车，让那个人来接我是最方便的。可是我不需要，我需要自己的男人，而不是一个司机！他就觉得我无理取闹。我不是病得快死了呀，好吧，我就是想撒个娇！因为从小没有人可以撒娇。我只是低烧而已，可以自己走路的，他真是好笨好笨啊！我一个能把感情当饭吃的人，怎么会找了这么笨的一个人啊？

我是那种能为爱人做一切事情的人，我也希望对方同样待我。其实从认识到结婚，他对我真得还算挺好，就是不太懂得表达。当时我在沈阳上学，放假来北京找他，他也不知道怎么办，就带我买衣服，那时候军人工资低，一个月工资也就够买一件衣服一个包。然后出门就打车，我也不认路啊，以为很远，结果总是在起步价以内的路程，我说这里没有公交车吗？他说有啊，怕你累啊，我狂晕，我农村长大的好不好。所以那时候我很幸福啊，他一个月1200块的工资，送我第一份礼物是一条铂金项链，2600多块。我回家在北京转车，他帮我买的卧铺，之前我都是站30多个小时回家的。一上一下，他说："上铺舒服，我要睡上铺，你睡下铺吧。"我其实没睡过卧铺，不知道哪个好，但后来上车了我知道，肯定是下铺舒服，他大概怕我不好意思，所以说上铺舒服。然后在车上坐着看了会儿书，说说话，我就靠着他睡着了，醒来的时候我躺在他腿上，而他一直保持同一个姿势……

从那时候起，我就认定他了，觉得这世上他对我最好，在父母那里得不到的爱都在他身上得到了。大四的时候我用奖学金买了手机，论文答辩那天我把手机锁柜子里，答辩后跟同学出去玩，很晚才回来，一进宿舍就被骂，说我手机响了一天，舍友接了8个找我的电话，同一个人，她们快疯了。

还有件事，跟我老公的性格有关系的。2010年7月，我开着新买的车带孩子出门，结果门前在修路，我也是没开过车的"老"司机，前面来了辆大罐子车，我一紧张就撞在钢管上了，右前叶子板折断扎破轮胎，走不动了，我又紧张又害怕，后面的车都在催我，没办法，找别人帮忙。后来找了一个一面之缘的小战士，我坐过他的黑车，他过来陪我一起等拖车，帮我处理一切，带着我和孩子去4S店，然后又送我们回来。晚上老公下班我才小心翼翼地告诉他发生的一切。他第一反应竟然是：新车啊，你就撞成这样？然后跟我讲道理，后来我很委屈，说别人出了事都找老公，我找别人，你没反思过吗？本来新车撞了我也心疼，可是那又怎样？你不关心关心我受伤没，孩子吓着没，倒关心车，修就修呗，保险不就是用来赔的么？车不就是个代步工具吗？有这么心疼？本来我挺自责的，可是你这样的态度反而让我不自责了，只有委屈。我就知道给他打电话除了挨训不会有任何帮助，所以我直接找别人，当时我吓得都不知道怎么办了，人家告诉我，别着急，先报警，找拖车，然后打保险公司电话。我说完他说："你们俩不是好端端坐这吗，我还问干吗？唉！"

以前总听人说家不是讲理的地方，女人是不讲理的人，我一直都觉得自己很讲理。现在回头看，可能还是有点作。比如我和同事出去玩，在外面过夜，有男有女，晚上身边女同事的手机都响了一圈，就我的不响；我的男同学来找我，我跟人出去玩一天，他也从来不打电话，他说这是信任我，而我却总觉得他不关心我，不在乎我。同样，他和朋友出去吃饭，很晚不回来，也不喜欢我查岗，他理解不了在他深夜不归的日子里我在家的担心和惦记。好在他不是经常深夜不归。不知道到底是我作呢，还是他不解风情呢？

这个案例中的双方，天性互补。有很多不同，却又相互需要。如果两个人能懂天性，对自己和对方的天性优劣势多一些了解和接纳，冲突和不理解必能大大减少，也会产生更多的相互欣赏。

读懂天性　读懂人生

正人，疗愈"病"负的爱人

正人，因为稀缺，弥足珍贵。在婚姻中遇到正人，是"病"人负人的福分。因为，正人接受度宽，更宽容；正人淡定从容，不会激化对方的"病"与负，还会让"病"负的对方，被正的行为模式的效果影响，逐渐形成好的情绪反应习惯，发生改变，甚至转正"痊愈"。

我家先生带给我的是整个内心世界的安宁。

他的冷静和理性是我的安定剂。作为一个右脑，我遇事往往都是感情直冲头脑，情绪不稳定。我又是不耐烦的负 D，常常就拼命地想要把问题解决掉，以摆脱这种负面的情绪。但，急于求成的心态下，结果往往适得其反。

我家先生则完全是另外一种模式，他心态平静，把任何问题都看得很平淡，在我看来天大的事情对他来说都是小菜一碟。

小家庭的大事无外乎就是工作、孩子和父母问题。当时我跟着他到他的家乡来，没有工作，到处参加各种考试，这在我看来是很大的事情，心里很有压力。但他说考不上又没关系，又不是没饭吃。考过初试考面试，他就说这次不行还有下次，反正这次岗位也不是非常非常的好。在别人看来这些都是消极态度，但对于我这个喜欢自加压力的负 D 人来说，无疑是一种解放。也正因为他的这种淡定的支持，我的心态也放松了下来，后来的考试，几乎逢考必过。

对父母，我一听说他们生病，就急躁，而他总是轻描淡写地说年纪大了，有点小毛病正常，感冒发烧咳嗽一下又没事。但真正遇到大的毛病，他会积极去寻求治疗，行动非常迅速，也就是在他这种淡定情绪和非常有效的执行力支持下，我的心态逐渐趋于宁静。

我家先生是内心淡泊的人，他在自己的小世界里活得简单而质朴。他不在乎世界如何运转，只在乎家人的平安顺利。他在尽己所能，但又不对自己对家人提过高的要求，整个人活得有点儿遗世独立。有时候，在教育孩子的问题上，尽管我认同养一个普通而幸福孩子的理念，但有时候还是不能完全放松自己，还是对孩子有很多期望和要求。我家先生对我说："我们

　　　　　　　　　　　读懂天性　读懂人生

的女儿将来说不定比我们强，但也说不定不如我们，但不管她是怎样，我都接受。"说实话，他这么说的时候，我非常感动，这才是爱的本质。其实，他对我的接纳又何尝不是像接纳女儿一样呢？

当然，也有苦闷的时候。先生的冷静和理智导致他"共情"能力不是很强，生活中每每遇到小问题向他诉说的时候，往往得不到帮助，还要被指责一顿。比如我找不到东西了，他不会帮我找，要反过来说我到处乱丢东西；我说我身体有点不舒服，他说我身体抵抗能力不行了，老了；我说我晚上睡不着，他说我玩手机太多……生活中时常充满了这种负面的提示，有时也令我非常恼火，很强烈地反抗。他只有一句话：反正我说什么你都有理由，我就不说了，然后沉默……沉默一会儿工夫，他还会像没事人一样照常说话，他给了我台阶，我也就顺势而下。

所以，我们从认识以来极少有吵架和别扭。我这个负D，真的需要他这个正B。说得大一点，他是我的药，必须一直吃着。

正B的淡定、认真，可以缓解负D的"紧张焦虑不耐烦"。

正C的温暖、宽容，可以缓释负A的"跋扈、骄纵"；正C

天性

的依赖和尊重，可以激发负 A 的责任和斗志。

正 A 的坚定、坚守，可以淡化负 C 的"情感起伏"；正 A 的责任和原则感，可以给"安全感不足"的负 C 以信心和信赖。

正 D 的快乐、自由和放松，可以吹散负 B 时不时的"憋屈和小脾气"。

哎呀，我妈真的很烦，委屈、抱怨、摆臭脸。在外面对别人可热情、可好说话了，在家呢，常常摆一张臭脸。非常典型的负 B。

我曾经读到胡适说："世间最可恶事莫如张生气的脸；世间最下流事莫如把生气脸摆给旁人看。"然后一下子就想到我妈妈。还好，我直到婚后才享受到她这种"待遇"，在那之前她都是挂脸给我爸看。芝麻大的小事，也能让她情绪降下来，脸色难看起来。问题是她的不高兴来得快，去得却慢，这种气氛让人觉得非常压抑。

我妈还是典型的"只准州官放火，不许百姓点灯"！比如东西没放好，能招来她的一通通埋怨和指责，"怎么又乱放东西？为什么不认真收拾屋子？"但是其实她对自己也没那么高要求，只是我们不敢反驳，较真反驳的话，她会爆发的，她会诉一大通委屈给你听，然后长时间地摆臭脸。

我特佩服老爸，能一直不较真，反而常常在妈妈非常不高兴的时候，从别的角度哄得老妈不得不笑出来。以前我甚至觉得我爸太"二皮脸"，一点不顾自己的尊严。现在理解了，他那是正D心态，不在乎、不计较。

也不是一点都不在乎，我爸大约每年也会爆发一两次。奇怪的是，我爸每次爆发，反而是老妈脸色没那么难看、唠叨不那么严重的时候，因此也显得老爸这火发得很不占理。我常常忍不住替他"觉得亏"，那些特别占理的时候，你咋不发飙呢？但是即便不占理，我爸爆发了以后也不道歉。更奇怪的是老妈，被这样"爆发"，必定委屈呀，她也委屈，还会私下跟我抱怨。可是吧，还就真的蔫了，能好长一段时间不瞎念叨、不摆脸色。

我觉得，他俩"配合"得挺默契。

别相信婚姻靠忍，也别相信亲子关系和朋友关系可以靠忍。所有的隐忍，都会爆发，不是小爆发，就是大爆发；不是早爆发，就是晚爆发。长久的关系，一定需要发自内心的接纳和宽容。这种接纳和宽容，只能来自相互间的认可和欣赏。劣势和优势总是互补的，对角的天性也是互补的。对角的正人，有更大的容忍度接纳"负"人。

天性

正人之于任何一种"病"人，都可以帮助他们减轻沉重的压力和负担。一正一"病"的对角结合，往往很和谐，且长期伴随着深厚的感情。矛盾比一"病"一负的对角少，感情比两个正的对角还要深。这一点，下一章里有更多解释。

与"病"人相比，正人走出情感困惑的能力更强，因为他懂得顺势，不会自我压抑。

在遇到情感压力或挫折时，正人的怨艾比负人少，因为他接受度宽，不会像负人那样与周围人为敌。

夫妻天性相同，却能长久相守，而最终未走上离婚道路的，多是两个难得的正人。因为，同天性长期交往本就很难，若其中有一"病"或一负，都很难坚持。

◆ 文艺是一种病

D 不喜欢庸常、重复的生活，负 D"病"D 尤甚。负 D 憎恶生活中的种种琐碎，"病"D 惧怕那些时时被提醒的责任，他们常常想逃。

若庸常的生活无法逃离，则文艺成为"避难"之所。

负 D"病"D，成长期没有得到本该属于 D 的"宽松自由式"教育，而被以 A 或 B 的方式逆天性带大。因此，青春期被大大拉长。直至长大，负 D"病"D 仍处于反叛、逃离的青春期。越是文艺，越想逃避；文艺得越深，"病"负越重。

无论正的、负的，还是"病"的，A、B、C 都不会成为文艺青年，正 D 也不会。他们即便偶有文艺的表现，与"病"D、负 D 的文艺相比，也会立刻显出"伪"的色彩，他们不会有"躲进去不出来"的念头。

只有负 D"病"D，才会有逃离一切、不顾现实的文艺倾向。

天 性

让成年人找回自己，让孩子不被扭曲

负 D 带着怨恨逃离，"病" D 在恐惧中逃离。所谓文艺，正是由这种逃离的冲动所制造。

相对而言，"病" D 的逃离热情更高。D 有想象力和创造力的优势，压抑的"病" D 更容易将这种想象和创造植入非现实的艺术创作，所以，"病" D 往往能创作出伟大的艺术。或者说，那些非现实主义的艺术大师，几乎都是"病" D。他们往往煎熬于使命感的创作热情与逃避现实压力的冲动之间。这种压力，可能大到无法承负，乃至自杀。

《时时刻刻》（*The Hours*）是一部奥斯卡获奖影片，片中三位女主角分别由妮可·基德曼、朱丽安·摩尔、梅丽尔·斯特里普饰演，讲述了三个不同历史时期的故事。这是一部被很多人认作女性题材、女性解放主题的电影，然而，从天性的角度解读则会发现，它所诠释的更是"病" D 的艺术化想象与庸常生活、自由心灵与责任压力的矛盾冲突。

由妮可·基德曼饰演的弗吉妮娅·伍尔芙是一位作家，患有严重的精神疾病，他的丈夫把她带离伦敦，住到一个安静的小镇，希望给她安宁祥和的生活，让她在平静的写作中走向痊愈。

然而伍尔芙并不接受小镇生活，她要回到伦敦去，即便那里会让她疯狂，会导致她发病，她也必须回去。她说，在小镇和死亡之间，她宁可选择死亡。

在火车站，两人关于责任义务的一段对话，将伍尔芙彻底击垮，也让她最终选择了沉河自杀。即便在对话的最后她丈夫已经同意搬回伦敦。但是，情感情绪上的责任压力，仍然在重重地压迫她，她需要彻底的逃离。

因为，"病" D 对"自由"极度敏感，有着近乎偏执的理解。这种偏执，令他无法在或大或小的冲突中自我调和，令他无法接纳任何妨碍、影响、压制这种自由的内因外因。

伍尔芙先生：弗吉妮娅，我们要回家，纳莉（女仆）做了晚餐，她累了一整天，我们有责任吃她做的晚餐。

伍尔芙：没有这种责任，根本没有这种责任。

伍尔芙先生：你必须对你的理智负责。

伍尔芙：我一直在忍受这种监护，我一直在忍受这种牢狱。

……

伍尔芙先生：我们带你来是不让你伤害你自己……我们在这里设立印刷厂，并不只是为了印书，而是让你有事做，转移注意力。这全是为了你，为了让你好，这全是出于爱。（你执意回伦敦）别人会觉得你忘恩负义。

伍尔芙：忘恩负义？你敢说我忘恩负义？我的生命被别人

天 性

夺走，我不想住在这个地方，我也不想过这种生活……如果我想清楚，我就会告诉你，我一个人在黑暗中独自挣扎，只有我明白我自己的想法。这是我的权力，这是每一个人的权力，我选择不过郊区的平静生活，这是我的选择。就算最无助、最可怜的病人，也有权决定自己该过什么生活，她用这种方法表达人性……我也希望我在这种环境能够快乐，可是，要我选择留下来或死亡，我选择死亡。

伍尔芙先生：好吧，伦敦，我们回伦敦吧。

这个故事显示，极端"病"D对"自由"的偏执、内心的挣扎，往往让他们显示出"不负责任"，甚至促使他们做出极端的行为，即使有爱人倾力的体谅、照顾，也无法挽救、挽回。这一点，第三个故事再次提供了证明。

第三个故事中，"病"D是一位男性作家理查德。这位受到艾滋病困扰的作家，有一位与他相互深爱的女性朋友。由梅丽尔·斯特里普饰演的这位正B女友克拉莉莎，淡然、从容，接受平庸和琐碎，而且坚持不懈。十多年来，她一直照料着理查德的生活。但她无法想到和难以接受的是她为理查德小说获奖而筹办的派对，他应该参与，推动他进入"责任和自由"、生命意义的思考，然而他在酒会之前跳楼而亡。

　　　　　　　　　　　　　读懂天性　读懂人生

克拉莉莎：这是个派对，只是个派对，只有尊敬你欣赏你的人才会来……你只需要来，什么都不必做，坐在沙发上就行……

理查德：这是为谁举办的派对？

克拉莉莎：为谁？

理查德：如果我死了，你会不会感到愤怒？……我想告诉你，我活着只是为了满足你。

……

理查德：我想我去不了派对了。

克拉莉莎（惊恐地）：你不必参加派对或颁奖典礼，你什么都不必做，你想做什么都可以。

理查德：我还是要面对生命的时时刻刻……

克拉莉莎：他们在这儿么？那些（让你毁灭的）声音。

理查德：那些声音一直都在。

克拉莉莎：那些声音让你这样做？

理查德：不，是你。我一直是为了你活着，现在你要放我走。

……

理查德：你一直对我很好，我爱你。再没人曾经像我们这般拥有幸福。

天性

然后，理查德从窗口跳下。

梵高是"病"D，卡夫卡也是"病"D，"病"D可以创作出伟大的艺术，可以成就伟大的作品。成为大师的他，作品会流传。然而，他本人却生活在如同黑暗牢狱一般的心灵世界之中。如果你能体味其中的痛苦，你绝不会期望自己的孩子成为他。

"病"D的艺术，能够抚慰"病"负的心灵。然而，如果天性得以解放，如果这个世界没有"病"负，那些太过"病"D的艺术其实并不会被如此欣赏。取而代之的，将是更加快乐、简单的艺术形式。

以川端康成的作品为例，如果这个世界只有正人，没有"病"负，那么，《伊豆的舞女》和《雪国》仍会受到推崇，《千纸鹤》和《一只胳膊》大概就少有读者了。

"跋扈、偏执"可以诞生乔布斯式的商业领袖，但"跋扈、偏执"并非伟大商业的必要条件，比尔·盖茨那种正A人、马云那种正D人，也一样可以有辉煌的商业成就。

大师凤毛麟角，但文青无数。在文艺的道路上，拥挤地行走着一大批文艺青年，他们都是童年受到逆天性、压迫压制型教育的D人。文艺之于他们，只是成长期压抑的释放，而并非合适的人生方向。某种程度上，他们，更值得同情。

⬕ 名人的天性与"病"负

有人问，名人有没有"病"负？如果名人也有，是不是意味着"病"负也没有多么可怕？

一、名人当然也有"病"负的，下面列出了一些基本明确了天性和正"病"负的名人。

二、但即便是名人，也非一切都好。名人一样有烦恼，有可能的性格问题、心理问题。这些烦恼和问题，折磨着他，甚至带来灾难的事例并不少。梵高自杀，因为他受"病"D 的折磨；张国荣跳楼，也跟他的"病"D 性格有关。金·凯瑞抑郁，因为他是"病"C。而负的名人，在与人相处方面，会更加令人难以忍受，并反作用于其自身。

三、能否成为名人，更多在于机遇，并不在于"病"负。"病"负的痛苦和问题，看看身边的"病"人负人，看看身边的普通人，就知道了。尤其是那些无法找到自己，因为"病"负影响了自我成长的人。

拿破仑 正A
曼德拉 正A
鲁迅 正A，可能略偏D
巴菲特 正A
马斯克 正A
雷军 正A
任正非 正A
任志强 正A
李宇春 正A
赵丽颖 正A
冯唐 正A，可能偏D
姜文 正A偏D
刘晓庆 正A
刘雯 正A
C罗 正A
希特勒 负A
乔布斯 负A偏B
章子怡 A，有负

马云 正D
李白 正D
谢娜 正D
邓超 正D
黄渤 正D
傅园慧 正D
贾樟柯 正D偏C
王石 D偏A，小负
张爱玲 负D
罗永浩 负D
王菲 负D
汪涵 D，小负，可能偏C
梵高 "病"D
张国荣 "病"D偏C
周星驰 D，有"病"负
卓别林 "病"负D
朴树 "病"D

	A	D	
	B	C	

杨绛 正B
甘地 正B
杜甫 正B
孙俪 正B
潘石屹 正B
林志玲 正B偏C
蒋介石 B
俞敏洪 B，可能微"病"
梅西 "病"B

戴安娜王妃 正C
玛丽莲·梦露 负C
张学良 负C
老舍 正C
莫言 正C
冯小刚 负C
崔永元 "病"负C
特朗普 负C
何炅 正C
冯绍峰 正C
孙红雷 正C

读懂天性 读懂人生

当天性用于家庭和工作

读懂天性，有"世事澄明"的收获。教育如是，家庭、工作也是。

不再批评 D 老公

我有个 D 老公，虽然都说自判不准，但我还是非常坚信。为啥呢？人家那叫一个随性鲁莽啊，不喜欢被约束管理、毫无秩序感、情绪起伏大、爱举一反三、爱总结规律、主意多，那个思想天马行空的，想一出是一出，我经常是跟不上节奏。和他一起走过了 15 年，享尽了被宠的幸福，但也经常被他气得半死。

开始接触天性教育，在官判之前我一直认为自己 B 偏 C，那是什么？规则性强啊，原则至上、做事规范、喜欢监督管理、不喜欢变化，我的计划根本赶不上老公的变化快，经常就把我很早安排好的事情推翻，气得老娘一口老血郁结在胸中。

挤牙膏不能按照我说的从尾部开始，抓到哪里是哪里，每天早晚都需要我重新赶一遍。我俩是一个公司的，好几次我去办公室找他，看见领导找他说工作，领导站着他坐着，提点过他几次，依旧我行我素。我俩经常就为这点儿鸡零狗碎的事儿拌嘴，乃至争吵。

自从泡爸的官判给了我一个小负C偏B，一切亮堂了。C，是一个多暖人的字母啊！遇见我老公又开始不按我的要求操作的时候，我就自己上手做，不再对他有硬性要求。因为D真的不能听人摆布，而C确实是最能体贴体谅别人的，自从我对他没有那么多要求的时候，我俩越发腻歪了。有时候他遇到不爽的事儿，想发脾气，我就像小狗一下凑到他脸颊，不用亲，就用鼻尖蹭一蹭，一切OK了！

现在只想说：天性教育真的是人间一大神迹啊！

（案例提供：珠海幸福天使）

接纳A老公

天性教育于我真是获得真经一般的感悟！

从小见惯父母总是不能好好说话，家里很少有气氛祥和的时候，我多么渴望岁月静好、一切安然！心里暗下决心，将来哪怕自己多承受点委屈也要营造一个温馨的家庭，要让孩子幸

读懂天性　读懂人生

福满足，身后永远有个支持她随时可以撒娇的妈妈！（幸运的是老天给了一个C女儿）

无论我决心下得多大，找对象时竟天性难违。对我呵护的连犹豫都没有就是不动心，但对当年强势霸道能力超强的他就是喜欢。婚后我以为忍让就能换来和谐，却逃不开他的挑剔。我茫然不解，我学心理学星象属相都不能解惑，直到我接触了天性，一下看出他是A，坚定、数字敏感、方向感好、说一不二、控制欲强，佩服能力比他强的，指出他的缺点，他也不生气反而另眼相待。

那好，我就给他需要的。我也不随便忍让了，该据理力争的毫不客气。针对他爱挑剔的毛病，直接义正词严地告诉他，这给别人带来多大的压力或伤害。以前希望他多顾家，现在我大力支持他努力拼搏。他喜欢走上层路线，以前我不稀罕听这些，觉得俗气，现在耐心听，希望有机会他也能再上一步，不为别的，只为能让他放飞自己的天性。

我的心态小小改变，对家庭却是大大的变化，现在他工作再忙，也争取早点回家，帮我做家务，只要不出差，每天早晚都接我上下班，夫妻关系好了，一切就容易顺了！

（案例提供：北京彩虹）

天性

让成年人找回自己，让孩子不被扭曲

与"病"负 C 妈妈更好地相处

妈妈是"病"负 C，抗压力特差，有抑郁症，遇事特别悲观，否定自己，把困难想得比山还高。情绪来得很突然，如果劝说就更不得了了，连你一块骂，情感要挟。用她的话说是控制不住自己。事后也后悔，会和我们道歉。在她眼里没有太多快乐的事情！

我天性 B，对妈妈的一些想法很不理解，在我思维里，遇到问题解决它就是了，该怎样处理就怎样处理，哪有那么麻烦，想那么多干嘛！发脾气时只能等她自己那个劲过去了，再哄哄。但少不了心力交瘁、委屈，感觉特累。时间长了，难免会有想逃避她的念头。在一起也是胆战心惊，生怕自己一句话就惹到她，真希望她也可以像正常人一样快乐。

我不明白她为什么会是这样的性格，但当我接触到天性教育，看到对"病"负 C 的表现和形成原因描述的时候，才恍然大悟！从那以后，我是这样对待妈妈的：

1.用更大的耐心，关心爱护她，让她感受到爱和温暖，努力成为她的依靠。她的需求尽量满足。

2.经常制造惊喜，她在家的时候突然造访，给她买喜欢的点心，节假日送小礼物。

　　　　　　　　　　　读懂天性　读懂人生

3.处理事情，尽量不麻烦她，给她一个平和的环境。

我知道想让她转正很难，但希望通过家人的关心和抚慰，能给她带来心灵的快乐和安全感！

（案例提供：无锡天空的颜色）

正 A 给负 C 老公转正

自判老公负 C。

"病"负表现：

脾气暴躁、没耐心、不温暖、易怒、容易累、懒。

1.吵架生气了就摔东西，有什么摔什么：

刚从冰箱里拿的酸奶，啪就摔地板上，满地都是……

打电话吵架，直接把手机扔了……

我和他吵架的时候不理他，躲到另一个屋里。他就去用手砸门玻璃碎一地，不过他手没破，也是奇迹……

为了电脑吵架，他就用键盘砸电脑。因为心疼电脑，只砸在显示器上侧（纯平时代）。脾气爆发完自己再一个个键盘键安装回去……

无论在哪生气吵架，都不顾及别人的眼光，大街上、商场里，任何公共场合都可以大声吵架叫嚷，然后扬长而去……

2.同样的话重复两次就会生气，觉得怎么那么烦，脾气说来就来，发完火就跟没事了一样。

3.不会跟家里人沟通，话少，只有吵架的时候说话超级赶劲。

4.回家就是累了，往床上一躺，不爱干活但是还爱挑我这不好那不好，不带孩子还会挑剔我带得不好。

目前的解决策略：

1.理解C天性的懒、容易累。以前对他的懒表现出不理解，所以经常他一躺下就会让他起来干活，现在会主动问他是不是累了，如果累了任由他休息。

2.给予C人情感释放和表达关爱的空间。以前自己太独立，即使他说要接送什么的，都会拒绝他，现在会主动问要不要来接我之类的。

3.改变说话态度。以前吵架经常冷战不理他，现在会说话尽量温柔为他考虑，如果真的无法避免吵架，会主动跟他和好。

4.主动亲密接触。以前会嫌弃他的过多亲密接触，现在无限满足他的要求，并要求每天上班前亲我一下再出门。

效果：

脾气好了很多，我发脾气会不跟我吵架了，知道心疼老婆孩子，能接送或者帮忙的就主动做，在家主动做家务，对于我的抱怨基本上没有了。

总结：

尽可能地理解和包容他，给予温柔的话和关心的爱，会得到更多的爱。

（案例提供：大连 buttyy）

工作中如何温暖 C

背景：

A 老师，C 学生。

A 老师是我，C 学生是非洲来华留学生，大学刚毕业，来中国要先补习汉语，语言考级通过以后才能开始读研究生。

C 学生出现的问题：

1. 初到中国，面对语言障碍、文化差异、无亲无故。

2. 开学晚报到了一周半，导致上课跟不上，学习压力大。

3. 到大连第二周后家中突遭变故，沉重打击，情绪低落到谷底。

就跟我们把孩子送去国外读书一样，成年人出国以后面临的主要困难包括：语言不通、文化冲突、身边没有亲人朋友。

这三方面的压力，对一个 C 来说，本来已经非常大了，再加上学习方面：

首先，这个 C 学生的母语是法语，不会说英语，而我们上课是汉语为主、英语为辅的，所以他上课是一句话也听不懂的迷糊状态。

其次，开学报到他来晚了，在他入班的时候，我们已经讲完了拼音，落下的课程他只能靠自学。能想象一个 C 在这种情况下压力有多大。

而压倒他的最后一根稻草，是入学仅仅一个星期时，他哥哥出车祸意外去世，他瞬间情绪崩溃。学校的心理医生认为他情况严重，必须接受药物治疗。面对这样一个学生，我要怎么做？

在参加辅导师培训以前，面对各种状况的学生，我采取的方式都是先鼓励："加油，老师相信你，没问题。"然后教方法："你应该先学……然后做……练习，如果有问题可以问我。"最后激励："你必须通过 HSK 考试才能进专业，一定要努力哦。"——这么 A 的方式，对右脑学生来说，当然是无效的，不但不能缓解他们的焦虑和压力，反而有可能适得其反。

解决策略：

要不是因为学了天性，我一个纯左脑，可能永远也不会知道，原来有的学生需要的只是一点温暖或者一句夸奖，那么简

读懂天性　读懂人生

单，就有了前进的动力。所以对这个 C 学生，我开始尝试送温暖的方式。

通过在辅导师培训中学习、思考、总结，以及跟正 C 辅导师取经、求教，具体措施如下：

1.言语温柔、多鼓励。一对一，近距离，语气温柔和缓，体谅安抚难处，夸奖优点长处。

首先是多跟他聊天，而且一对一地聊，效果明显好于一对多。跟左脑学生谈话他们主要关注的是谈话的内容，老师提出的要求是什么。但右脑不是，尤其 C，更在意老师的态度，所以跟 C 说话的时候我会语气温柔，尽量和缓，保持笑容。另外 C 很喜欢近距离接触，没学天性以前曾经有个"病"负 C 学生跟我诉苦的时候近到差点贴到我脸上，逼得我步步后退。如果换成是现在，我肯定不会后退了，哎，学天性学晚了。再就是谈话的内容，每次都是先夸他学语言有天分呀，或者某个发音又进步了，然后再对他的难处表示理解和同情，或者问问跟同学们相处得怎么样，关心一下吃、住习不习惯什么的。总之全是扯闲篇儿，在我们 A 看来都是些没用的话，可是 C 学生却非常受用。

2.理解撒娇、温暖回应。C 撒娇，只是在求温暖、求关注，满足他。

学了天性才知道，原来求关注的 C 撒起娇来花样如此繁多。有一天这个 C 学生看起来情绪不错，但课间休息的时候突然拿着作业本说："老师，为什么我都是 A、A⁻，我要 A⁺。"

我当时的第一反应是，"作业我批错了？"马上走上前去，接过作业本仔细看了一遍，心想"这也没批错呀"，刚想说"你看，你这个字写错了"，一下子反应过来了，他一个 C，要的不是分数，是关注啊！马上笑着说"我在心里给你 A⁺"。这下可好，把 C 笑成了一朵花。

接下来更好玩的一幕发生了，另一个学生马上接着说："老师，我也要你心里的分数，就算你在心里给我 F，我都高兴。"哈哈哈，没想到，又炸出来一个 C，意外收获啊！之前我一直在犹豫这学生是 C 还是 B，这下可以给他终判了，争宠、撒娇，必须主 C 啊。

3. 不提要求、不批评。偶尔的上课迟到、不交作业，都没关系，包容他的小懒。

以往遇到学生上课迟到、不交作业这种事儿，我一般都是 A 式找谈话、提要求。学了天性以后，知道了原来还有天生的懒人，而且还不能批评，好吧。所以对 C 学生，他迟到了，我也照样笑着欢迎，结果他还不好意思了。他偶尔不交作业，我就当没看见，结果第三天交上来的作业本居然自己把作业补上了。看来这 C 偷个小懒你要是不说他，他自己反而会内疚呢，真是可爱又好笑。

4，适当肢体接触。在他失去亲人最痛苦的时候，一只手臂的拥抱也足以给他勇气。

学了天性才知道原来有人天生喜欢搂搂抱抱，对 C 来说得到一个拥抱可能会比得 100 分更开心，特别是在 C 沮丧、难过、痛苦的时候，拥抱可能比语言的安慰更有效。更何况这种方法又特别适合根本不会安慰人的纯 A 我，操作简单、效果显著。在 C 告诉我他家里出事了，眼泪在眼眶里打转的时候，我只是伸出手臂，他就抱着老师哭起来了。之后我每天都跟他说一些鼓励的话，拍拍肩膀什么的，再加上心理医生的疏导和药物干预，一个星期之后，情绪就基本稳定了。

效果：

这个 C 学生很快渡过了困难时期，融入了新班级，跟大家熟悉热络起来，特别是跟班上两个同学成了好朋友（这貌似跟我没啥关系，人家本来就是正 C）。

每天来上课笑得像朵花，虽然偶尔迟到、不交作业，但从不缺课，就连下午的临时加课也一节没缺过，而且听课状态特别好，完成作业准确率也很高。学习成绩突飞猛进，从刚入班时候的周考不及格，到 70 分、80 分，最后期中考试考了全班第一，94.6 分。

总结：

给 C 足够的温暖和关爱，不给压力、不追求成绩，结果会有惊喜。

（案例提供：大连圆儿）

D 员工与 B 老板的相爱相杀

有时候，觉得这个世界真是个神奇的存在。你不足什么、缺什么，上天就会派什么来修炼你，做到能量守恒。

我一个 D，身边一直围绕一堆 B：B 老公、B 女儿、B 领导。

感受："我怎么哪哪都不好。"

坦白说，工作 10 多年，我身上仿佛一直套着紧箍咒一样：

总是觉得难受、不开心、拧巴，但又说不出到底原因在哪里。甚至一度否定自己、怀疑自己，觉得是自己哪哪都不好。

但其实我一直很有责任感，也能把事情担当起来做到不错，尽管没那么细致完美，业绩也做得挺出色！

后来学了天性，才恍然大悟，才解释了多年困惑，才长

读懂天性　读懂人生

长地出了一口气。原来这一切都不是我的错，是我"被自卑"了，是外界加给我的自卑，不是我不好！

原来这么多年，我的历届领导都是超级严谨完美的 B。

只懂得挑剔追求完美、只懂得表达问题、只懂得直面指出错误，却从来不懂除了苛责之外，还要表达赞美和欣赏来肯定你的优势。

而我却偏偏是一个需要被肯定、被认可，而且是越认可赞美、越卖命工作，讨厌约束、不在乎细致的 D！

活生生的一对冤家啊！

天生优势劣势完全不同，而且初期谁都看不上谁，B 说你为什么就不能完美细致些，D 说你干嘛关注这些无关紧要的屁事，无聊！

深刻记得我的第一任领导，对我惯用的一句话是"我就不信改不了你这马虎毛糙的毛病。"

话说这么多年还真没改变得了，只能是表面上的改变，到不了骨子里的细致完美，因为我真就不是那号人，哈哈！

说明下，我的第一任领导是个很好很好的 B，事后很多年，我都很感激他的栽培。在外人看来，这个领导对我很好，但是我自己感受到的只是严格，从没听过他表扬，一度搞得我

天性

让成年人找回自己，让孩子不被扭曲

很自卑。

只是最后辞职的时候，这个领导才说，"真舍不得你，你真的工作很好很负责。"

听到那些话，我有些恍惚，但是那一刻我却很满足，觉得过去一切的努力工作都是值得的，一切的误解也释怀了。

只是老大，这种类似的话可不可以从一开始就兼顾表达出来呢！

学了天性知道了，B是不会随意表达赞美的，即使心里认可你，哪里会像右脑我这样，能随口轻易地说出赞美来呢！

细节：细致到骨子里的完美主义。

由于当时懵懂，稀里糊涂学的机械专业，就业时自然而然找相关领域，挺幸运找到一家很好的单位，做技术部经理助理，负责轴承设计开发。

这是一份有技术含量的工作，要懂产品原理，要懂轴承设计，要有不错的数学基础，要会CAD制图。要胜任这份工作，我是有信心的。因为有这份责任心，内心卯足了劲要担起来。

理论上：查阅设计书，一页页领悟，一页页琢磨，努力做到理解原理。

实践上：下车间一道工序一道工序观察、思考，理论结合实际，不懂就虚心请教，晚上办公室别人下班，我主动免费加班，去包装车间里继续实践，细细体会整个工艺流程的每一个环节。

起初经常压力大到夜不能寐，刚到的几个月瘦了十几千克。

功夫不负有心人，慢慢能担当起来了，领导只需要负责大局，其他我都可以搞定。

要知道技术图纸一个尺寸小数点弄错，都会造成一批产品报废，但是我就有这份自信，领导不用审核，因为对重要的事情，我 100% 用心。事实上，我在这里做了 4 年技术，0 批次报废。

然而，我并没有因为这样的成绩感到开心和自信，相反，各种自我否定，原因就是我一直在 B 领导的"挑剔和打压"中度过。

总感觉他们是在鸡蛋里挑骨头，那份压抑和烦恼充斥内心，而且他都是挑剔无关紧要的事情，什么 Word 文件里字体大小不一啊、格式不好啊、字体不美观啊、不严谨啊等，反正各种否定，唉……

而我只对重要的、关键的点重视，但是对于无关紧要的事情本能地不予关注。我当时心里就想："真是啰嗦屁事多，烦

天性

死啦、烦死啦！"

真是天意弄人，新工作的第二任领导，有 B 有 A, 更是有过之而无不及。那种细致到骨子里的完美主义，把我折磨得体无完肤：

Excel 表格里每一个格子的内容有统一格式要求。

打印的资料如果有横版有竖版，装订横竖版订书针的位置有要求。

填日期的地方、日期格式有要求。

文件名如何命名有要求。

一叠资料提交顺序，第 1 页是什么、第 2 页是什么有要求。

哪种资料要复印几页有要求。

每一件事情，哪怕再细小，都要制定操作流程。

跟客户沟通的每一句话，哪怕一句废话都要截图留底抄送到邮件里备案。

提交的资料如果没有按照以上要求执行，就要一遍遍退回，甚至用 KPI 考核大家的完美度……

很长时间我抵触得不行，觉得这就是神经病，你管我这些无关痛痒的屁事……

更多相爱：你的价值，很重要。

虽然对我来说，遇到严谨、细致的流程是拧巴、约束，但是不得不承认，它真的又有好处、又省事：

标准化、流程化，更加美观、更加清晰，节省很多交流沟通的废话，一切按照操作流程执行！

然而我的转变是在切切实实体验到了好处后开始的：

1. 两份 Excel 资料呈现给客户：一份只关注内容不关注细节，一份不仅关注内容，还关注了各种细节。

客户拿到那份关注细节的资料，不仅美观，还可以不用做任何调整直接打印。站在对方的立场上多做一点点，客户体验感完全不同，节省时间，结果是加分的，是会被竖起大拇指的，是会增加客户黏度和信任感的。

哇，那一刻，我才理解细节的重要性、必要性！以前只是自己没有意识到，面对别人的细致还非议，多么幼稚啊！

2. 关于制定流程：

前期是觉得繁琐，但是当过了很长时间再去做那件事情、又忘记如何做的时候，此刻如能有流程，那简直如有神助，省时省力省沟通，对于新人来说更像是指南针一样。

3. 技术无小事，每一个细节都不容小觑。等充分理解了这些 B 思维后，就再也不会埋怨，而且会习惯并爱上他们的

天性

让成年人找回自己，让孩子不被扭曲

工作方式。现在的我会习惯：

交 Excel 时，会关注很多细节，会打印预览观全局。

喜欢每种日常工作制定个操作流程，以备日后参考。

写东西会一一列好，清晰明了不再扎堆。

理解 B 的思维，经常他说上句，就能懂下句。

会经常催着别人写操作流程便于日后参考。

不会因为 B 直白的苛责，而自卑和自我否定。

最后我想说：

一个不喜欢受约束的 D，一旦从内心意识到 B 的各种好后，也是会欣赏、会奋力直追，并努力做到最好，尽管做不到 B 那样骨子里的完美，但是也会竭尽全力的！

感恩遇到天性，让我们懂得不同的人，不同的思维模式！

对了，你肯定要问，我的老板有没有爱上我的 D 呢？

哈哈，那是自然。我们不一样，但是，当我们都做好自己，其实，我们都是对方眼里的风景，和他们不一样的、美好的风景。

（案例提供：宁波 linda）

　　　　　　　　　　　　　读懂天性　读懂人生

✿ 什么样的家长最值得尊敬

点燃一把火，而不是灌满一桶水

每一种天性都有优势，每一种天性也有对应的劣势。

一个孩子，他的缺点和劣势，很多是由天性带来的。那是他的痛，不是他的错。这个痛，会伤到别人，同时，也在伤他自己。好的教育，是在接纳的基础上扬长。

有的人，遇到不听话的孩子，就想加一道金箍；遇到没主见的孩子，就逼他自己做决定；遇到不勇敢的男孩，就把坚强挂在嘴上；遇到不温柔的女孩，就拼命灌输女孩气。

这不是教育，这是机械的补短纠偏，这是折磨。

补短纠偏的教育，带来"为什么我总是不如别人的羞愧感"；顺应天性的教育，赋予"原来我真的具备天性优势的自豪感"。如果后者才是正常的起点，那么，补短纠偏的教育以及这种教育所造就的自我较劲心理，使很多人穷其一生，也未能到达正常的起点。

人分两种，一种喜欢自己的，一种不喜欢自己的。不喜欢自己的，大多经历了一个补短纠偏、批评式教育的童年。这种不喜欢，往往需要用漫长的岁月订正。更多的人，终生没能订正。

很多成年人，没有找到内心的安宁，没有取得预期的成功，往往认为原因在于自己的毛病缺点。实际上，比我们成功的人，毛病缺点都比我们大。我们的问题，反而在于，总想遮掩自己的缺点劣势，以至于抑制了优点优势的发挥。这种思想的根源，正是补短式的教育。

不以理念教孩子

不了解天性差异的人，常常迷恋于各种格言。然而，这一条格言向左，另一条格言向右，很难有对错之分。选择哪一条，只跟当时的情绪状态有关。被格言指导的生活，是没有找到真实自我的生活。

理念也一样。每一条理念都有对应相反的另一条。而且，理念都是有流行性的，不同阶段，流行的内容完全可能相反。人生最重要的，不是选择理念，而是选择方向。我们要给孩子的，也不是理念指引下的方向，而是最适合孩子天性的正确道路。

如果以虎妈的 B 方式教育 D 孩子，D 孩子会负；以狼爸的

Ａ方式教育Ｃ孩子，Ｃ孩子会"病"负；以宽容有爱的Ｃ方式教育Ａ孩子，Ａ孩子会负；以宽松自由的Ｄ方式教育Ｂ孩子，Ｂ孩子也会负。

不以自己的喜好教孩子

在认识到天性差异之前，绝大多数家长是从自己的角度出发管孩子。

那些对自己不满意的家长，特别反感孩子身上自己的那些缺点，深恶痛绝，一定要帮他把缺点消灭在萌芽状态。

那些对自己满意的家长，则常常会想，我这样长大挺好，我长成这样挺好，你也最好这样长。

然而，他们都忽视了重要的一点：天性不同，"原材料"不同。这一点，比时代不同更加关键。教育的出发点，是被教育者的天性，而不是教育者的喜好。

一位唐僧式好强的家长，养了一个猪八戒式的孩子，能从他的天性出发，着力强化他在表演表现沟通交流上的优势，而非你所青睐的竞争挑战；

一位沙僧式严谨的家长，养了一个孙悟空式的孩子，能克制自己对规矩规范的热情，而从他的天性出发，给他自由空间，强化他在创意创造上的优势；

一位猪八戒式关怀型的家长，养了一个唐僧式的孩子，能从他的天性出发，用压力和目标化的管理，激发他走向更高更强更深更难；

一位孙悟空式随性的家长，养了一个沙僧式的孩子，能收起自己的随心随性，而以榜样的身份，帮助他强化纪律规范和执行力。

那么，他不但是一位伟大的家长，他还展示了最美好的人性。

这种美好，胜过书本上的英雄。

成年人的『病』负转正

谁不想自信阳光、坦荡从容地活出自己?

开始有意识地由"病"负转正,已经站在崭新的起点。天然正的人,比例很小。只要转正了,哪怕只是向正了,都会发现,自己已经到达更高的境界:看人,不会再以肤浅的道德为标准,而是以"值得欣赏还是值得同情"区分。受负"病"折磨的人,值得同情;绽放自我的人,值得欣赏。

转正,从和解与放弃敌意开始。

负人,常与周围人为敌。对于世界,他有太多不该有的不平不满、怨怒。他需要知道,那不是世界的问题,而是他自己的问题。当他改换眼光、放下敌意,他会发现,世界还是那个世界、周边的人与事还是那些人与事,但已经不再是他过去以为的样子。那些"针对他"的,没有了;那些令他愤怒的,不见了。于是,他也可以收走那些不平不满、怨怒,与这个世界和平相处、和谐共存。

"病"人,常与自己为敌。对自己,他有太多不该有的苛责抱怨和责任要求。他需要知道,那不是他与生俱来的责任,而是被套上的枷锁。当他改变观念、放下压力,当他不再以卑微和自我压抑的方式对待世界,他会发现,原来周围的世界也同样对他有欣赏和信任。他也可以自信、快乐,过有价值、有意义的轻松生活。

和解的目标，是做正人。正人，坦然、从容、自信。既不伤人，也不伤己，活在澄明、快乐的状态。

和解转正，首先要有宽恕和原谅，回顾童年所受的教育，找到"病"负的来源，原谅自己，也原谅那个给自己"病"负的人。宽恕和原谅，是走上转正道路的前提。

大部分的转正，还需要一个中长期的改变过程，他需要在很多习惯的反应做出之前，被提醒什么是正人做法，如何按正人标准行事。坚持执行正的标准，看到好的结果、从好的结果中受益，逐步养成正的习惯。

每一个人，都应该坦然、自信、从容。

每一个人，都可以快乐地绽放。

⬤ 和解原谅课程

负和"病"不是你的错，而是你的痛。作为负人"病"人，没必要自卑。天性无优劣，每个人都没有原罪，是所受的不当教育制造了你的负和"病"，错在教育，而不在你。

负人，有太多的抱怨，需要学会对他人的宽恕宽容。

"病"人，有太多的自责，需要学会对自己的宽恕宽容。

有对他人的原谅、同情，有对自己的欣赏，有对人性的宽容，则有和解。

负和"病"，都是心灵上的苦难。像毒瘾，又像魔鬼，纠缠你、诱惑你，使你困顿其中。

有人说，苦难是人生的财富，这句话有不对的地方。首先，苦难对 ABCD 不同的人，意义是不一样的。对 C 和 D，不合适的苦难，会使他丧失自我。

其次，生活苦难或许是财富，但心灵上的苦难，不是财富，而是折磨和损伤，是必须走出来的痛。

心灵苦难，必须突围。

正才是人生坦途。正的意义，超过了一切财富声望。坦荡从容，才能真正发现人生的乐趣和意义。从心灵苦难中成功突围，人生才完整、才痛快。说得大一点，才不枉此生。

负"病"都是不好的性格表现。但是，天性是无好坏的，好坏只是性格，而性格是可以改变的。"正"了，性格就变好了，既不伤人，也不伤己。

正人，既不压制他人，也不自我压抑。正人宽容，情绪少，对人和事的接受度高。

首先，与父母和解

不论父母曾怎样对你，和解之路的第一步，必须而且只能是：原谅父母。做不到喜欢，那就：同情。

父母对待你的方式，跟他的天性有关，跟他的"病"负有关，跟他内心的痛苦有关。那是你无法代为受难的痛苦，你有多少钱、多大能量、多少成就都无法帮助他解除的痛苦。所谓"老小孩"，也可以用心力定义。这个年龄，这种心力，他已经没有机会转正了，可以宽容而且必须宽容的，只有我们。

你现在要做的，除了宽容，还有同情和怜悯，以及力所能及的、正常的、心安理得范围内的帮助（记住，谁都没有原罪式的亏欠）。这个帮助包括忍耐忍受，不要激发他们的负或"病"，帮他减轻痛苦，尽可能地平安平静。

这个阶段，对待父母，你要站得比他高，你已经是懂天性的人啊。

其次，与自己和解

给负人同学：

作为负人，你一定烦到过别人。或者，哪怕别人先烦，你也常常反应过度。你的过度，必然激发矛盾，破坏情感。

跟一个负人相处，不容易。如果你是负人，你要想一想，你纵有种种委屈，也是在"负"别人的，跟你"亲密相处"非常艰难，因为，你常露出伤人的"尖锐"。

给"病"人同学：

"病"人常常过度友善，害怕拒绝、害怕让别人失望，试图取悦所有人，那是因为"病"人的内心弱小、卑微。卑微是一种压抑；不自信、不快乐，是一种扭曲。

压抑和扭曲换不来欣赏和尊重。

委屈和忍让，并不会带来"和谐关系"：遇到负人，你会被不自觉地加压；遇到正人，你可能成为"拖累和负担"；遇到

"病"人，你们会相互走远。

认识正人，了解正的 ABCD

正人，都是有赤子之心的人，纯洁、率直、善良。看起来简单，还有点幼稚可爱，但是，不招人讨厌。

正 B，只严格要求自己，从不同等要求他人。负 B，对别人的要求，大多比对自己还高。

一个正 B，必须做好自己，有自己的信条和规范，严于律己，且不以同样的标准要求他人。

正 C，对待亲人朋友，会坚持用软的办法，用情感、温暖解决问题，而不是争论争执争吵。

一个正 C，一定善解人意，温暖他人。让身边所有人都衷心评价，这是个好相处的人。正 C 可以多情、可以软弱，但一定要温暖。

正 D，大度、宽容、不在乎，懂得自娱自乐，"我图个清静，懒得理你"。

一个正 D，一定要有趣，趣味是 D 人的锦囊。娱乐他人也是娱乐自己，你的存在必须对别人不是压力，而是自在轻松；懂了天性的 D，无论出于什么理由，都不应该继续坚持无趣路线。

正 A，奋斗、努力、讲理，用成绩和能力说话，绝不干耍赖和不讲理的事。

一个正 A，讲原则、拼实力，扛起责任，不抱怨、不推卸。可以强势、可以威武，但必须讲道理、通情理，己所不欲，勿施于人。

正人如何处理情绪

正人的情绪本来就少。正，消解了很多情绪。

更重要的是，正人懂得正常的情绪表达。即使有情绪，也不会采取失去理性和制造伤害的发泄方式。

正常的情绪表达，比一味忍让更有价值。比如，面对过大的压力、不该有的责难，C 可以哭，D 可以逃，A 可以辩，B 可以选择无视。但不可以用负的方式，比如，B 发飙、A 耍赖、C 争吵、D 讥讽。

正人只分享正的感受，很少释放负能量。积极的情绪表现，所带给别人的，是放松感、自在感，而不是压力、压抑。

转正并不容易。负"病"铸造的性格，已陪伴多年，不容易走出。既需要一个改变态度、反转思路的认识过程，也需要一个逐步改变习惯的过程。

不过，负"病"转正，也可以说不难，因为方向明确、方法简单，只是需要一个不间断努力的过程。只要坚持，每个人都可以做到。

40 岁，因为天性找到自己

鸡飞狗跳的过去

在我家，日常对话是这样子的：

妈：咦？天上有题目么？为什么抬着头看天啊？

娃：对啊，天上的飞机给我出了一道题，0+0等于几？

妈：你这么牛啊，连飞机出的题都看得懂啊！那我们快把它记到本子上去！

娃：哎，我逗你的啦！好啦，我好好写题目不看天了……

对于D娃，最痛苦的作业时间，现在大多可以这样在DA妈刻意装傻充愣之间平稳度过，妈越傻D娃越优秀！

可能大家会想到，D妈带D娃，那不是得心应手么？

其实不是这样的，仅仅在半年之前，我们之间的画风还是这样的：

妈：快写！几道口算题写了10分钟了！我数到10，再写不完罚写一页！

娃：我不写了！

妈：你看看你满地的书和玩具，给你5分钟整理好，否则我都扔了！

娃：不行，不许扔！

我家儿子目前三年级，从上小学的第一天开始，就成了一个不断被老师和同学告状的惹事精、麻烦鬼。

上课坐不住，写字像鬼画符，和同学之间戳戳捣捣没轻没重，在学校各种闯祸。

我成了老师办公室的常客，还总是向其他家长不停道歉，这些都让一向自律的我痛苦、焦虑、失眠，整个人都不好了。

要是说起养娃的血泪控诉，我可以说上三天三夜……

面对这样一个孩子，我开始虎妈附体，使用的手段是严厉管教，甚至暴力镇压。

但是孩子不但没有被镇压住，甚至越来越放肆。在学校和老师作对，故意搞破坏，回家写作业也是极度拖延和抗拒，恶性循环中，我也成了那个常常情绪失控的妈妈。

其实我应该算是个比较爱学习的人，喜欢从容掌控一切，

天性

面对这样无法掌握的孩子，我开启了学习模式。

孙瑞雪的爱和自由、尹建莉的好妈妈胜过好老师、正面管教、挑战孩子，各种热门育儿理论看了许多。

后来开始啃心理学理论，从弗洛伊德、马斯洛到荣格，从武志红到曾奇峰，杂七杂八、浑浑噩噩，就差网上说的高血压心脏病预防指南了……

但是这些都不能解决我的实际问题，心理医生也看过，沙盘疗法也做过，都没有什么切实效果。

后来接触了顺应天性理论，也送孩子参加了天性夏令营，确定了孩子是典型的D小孩，以及了解了D小孩的优势和劣势后，我开始试着接纳理解他。

但是遇到问题，接纳和理解都会甩脑后边去，我还是那个那么容易被点燃的人。

我也不明白，在外人眼里那个好脾气的我，面对孩子怎么就控制不住呢？

为了更好地学习和理解天性教育这个理论体系，我报名了辅导师培训，没想到，这是我变身的最重要一步。

一次培训改变了什么

原先我自以为是一个理智的B人，因为我在不熟悉的人眼里是这样的：高冷、严肃、沉默、喜欢独处，满怀戒备，不好惹。

但是在很熟悉的人眼里却是这样的：温暖、好脾气、爱笑、仗义，大大咧咧，爱玩爱闹。

是的，这都是我，我是个两面人。

学习和工作经历，常常让我有压抑和束缚感，但是看别人都好端端地过着，我就强打精神去努力做到最好。

我追求完美、重视规则，但又特别怕引起别人注意，去哪都躲在人群后面，怕成为秀于林的那个木。

我对自己有很高的要求，在意别人对我的看法，常常用"慎独"二字勉励自己。

举个例子：曾经的上班途中需要步行经过一条几乎没有车的小路口，每一次都会强压心中想要闯红灯的念头，默默地独自等待绿灯亮了再过，然后心里会自得许久。

每一次和朋友聚会放纵大笑、大块吃肉、大口喝酒后会有自责感，生怕会影响我一直努力维持的淑女形象。

也常常会为了文学作品中的主人翁跌宕起伏的命运而泪流满面，打心底羡慕他们那样的快意恩仇和恣意飞扬。但面对自己的一切，还是不由自主的低调、纠结和自律。

天性

让成年人找回自己，让孩子不被扭曲

我常常自嘲，我就是契柯夫笔下的"套中人"，喜欢包裹自己，逃避一切，生怕被别人发现我的纠结和伪装。

在向辅导师学习的过程中，我慢慢开始重新审视自己，我真的是 B 天性么？

渐渐地，我发现我和标准的 B 人还是有很多不同的。比如我常常有压抑和束缚感，我幻想逃避现实，我爱好广泛，做得好的却不多，做事凭兴趣，没兴趣的怎么也做不好……

终于在那一天，当泡爸宣布我的天性是 D 偏 A，还是又"病"又负的时候，我在车水马龙的大街上忍不住泪流满面。

那一刻，我才知道，我一直以来追求的"慎独"，其实是我的毒药，所以我不快乐，所以我不自信，所以我会对孩子有那么强的控制欲。

压抑了许久的灵魂突然没有了方向，我迷茫地过了一个星期。再之后，我决定要转正，要解放我自己，只有这样，才能让儿子转正。

娘俩的新生

首先我审视了一下我日常对待孩子的态度和方式，然后放弃所有能放弃的对他的要求，用调侃的和搞笑的方式来面对他的问题。

有时忍不住又发火后，再回想生气的原因，我愕然发现，其实没啥大不了的，没必要那样暴躁。下次再遇到类似情况，我就会用更平和的方式去处理。

慢慢地，我发现儿子比以前好一些了，发脾气的次数比以前少了，我俩的关系一点一点和谐起来。

再后来，很多事情放手让孩子自己去处理，我就努力开始和他打打闹闹、嘻嘻哈哈。

开始还有点找不到感觉，严肃了那么久，突然变身小丑好像有点难，但我知道，搞笑有趣是我D人本色，我一定可以做到。

再后来，我渐渐开始享受这样放松的感觉，在放飞的路上越走越远，最明显的表现就是很少失眠了。

而我的孩子，显然更享受嬉皮笑脸地批评他的妈妈，最明显的变化是不发脾气了，偶尔我又发个火，他也不吭声，过一会还会贱兮兮地来问我：妈妈你气消了没？

或者有时我忘记正在生气，转头又和他说话，他还会一本正经提醒我：妈妈，你不是在生气么？于是我瞬间破功……

我40岁了。

说实话，以前我有很多想法很多计划，但现在全都放弃了，我的生活也仍然就是围绕孩子转。

我也知道，因为前面那么多年严格的教育，孩子目前还是有很多问题的。

我并不知道我和孩子会有什么样的未来。

但是，我不焦虑、不犯愁了。未来的种种，无论发生什么，我都愿意敞开心扉接受。

这算是另一个层面的底气吗？

有一句话说，没有什么比"明白现实世界如何运作"并且"知道如何应对它"更重要的事，而你在这个过程中的心态，决定了所有的差别。

或许这半年来，我最大的收获，就是心态吧。

我的世界里不再有那么多别人的尺度，我过着最普通的生活，前所未有的平和生活。

我努力地寻找 D 人的热情和大度，不断放下成见和所谓自尊，常用一句话来提醒自己，"天塌下来有 A 顶着呢，想那么多干嘛，该吃就吃该喝就喝！"和我的小猴儿手拉手走在转正的金光大道上。

当然，副作用也是有的，放飞心灵的同时，体重吨位也在不停放飞，不过，谁在乎呢？

你问我，40 岁才找到，迟吗？

我想说，我还可以做半辈子真正的自己呢！

（案例提供：合肥冰糖橙）

天性

让成年人找回自己，让孩子不被扭曲

结识天性三年，我成功减肥 20 千克

减肥前，最胖的时候 70 千克，现在 54.5 千克。两年半，一共减了 20 千克。

这个关于天性的减肥故事，我想把它分享给你。

瘦和正，有关系吗？

2015 年 9 月，一个偶然的机会，在朋友圈看到一篇天性的文章。

"同一个家庭，相同的教育。为什么，两个孩子却截然不同？"

看完第一反应就是——扼腕叹息，相见恨晚。分析得简直太对了，它，触及了教育的本质！

人和人有着本质上的区别，不同本质的人有着不同的天性，不同天性的人，就应该用不同的方法去对待，就应该绽放不一样的人生。

就这样，我开启了天性学习之路。

那时候，我还是小负A。

对自己不够了解，不清楚自己的优势，总是纠结于自己的劣势；找不到让自己全力以赴去拼的目标，还习惯性地找理由狡辩。

2015年12月，上海辅导师培训的现场，泡爸问，哪个是vivi？当他看到一个胖子站起来的时候，一脸诧异。

你是vivi？

嗯。

你什么时候瘦下来，什么时候就正了。

当时我心里咯噔一下：我还能瘦下来吗？毕竟，试过那么多方法都失败了……

曾经，我试过节食减肥，因为忍不了馋和饿而失败；

也试过运动减肥，因为怕苦怕累、不能坚持而失败。

再加上，骨子里我就认为，我妈是胖的，我遗传我妈，也应该是胖的。固化的思维认知太可怕了。

现在想来，之前的失败不是方法不对，而是认知不对。

对于左脑来说，最难改变的其实是认知。认知改变了，行为立刻跟着改变。

A，就是要刻意狠逼自己一把。只要 A 想做，就没有做不成的。

水果大姐行，我为什么不行

2016 年 4 月中旬的一天，我去菜市场买菜，惊讶地发现，我经常光顾的水果摊大姐，很明显瘦了一圈。我好奇地向她请教，她朝我身后的一家减肥机构一指，说她在那里两个月减了10 千克。

我顿时心想，这大姐能瘦 10 千克，我为什么做不到！我可是 A 啊，只要 A 想做，就没有做不到的！不然真是愧为A 了！

我立刻去了那家减肥机构具体咨询，减肥机构采取的是拔罐 + 饮食控制的方式，每天去拔罐一次，穿同样的衣服测量体重。

一个拔罐疗程为 25 次，前几天每天一次，以后隔天一次。饮食采用早上鸡蛋 + 中午牛肉 + 晚上水果 / 蔬菜的模式。

拔罐技术是国粹，正确的使用不会对身体有害。减肥期间，饮食要控制，营养也还算全面，身体应该撑得住。最重要的是减肥机构的人会很负责地进行体重记录和监督。

出于谨慎，我选择了试减三天，有效果再报名一个疗程的

成年人的"病"负转正

方案。

这三天，每天拔罐一次，三餐配合着吃，竟然瘦了 1.5 千克。

信心大增的我，报了一个疗程。

就这样，左手天性、右手水果大姐的榜样，在减肥机构的监督之下，我开启了减肥自虐之旅。

饿了馋了，就咬牙激励自己：只要Ａ想做，就没有做不到的！水果大姐都能做到，我也能做到！

五一之后，天气慢慢热起来，6 月份已经穿不了长袖和裤子了。因为拔罐会在身体留下难看的痕迹，所以我停掉了剩下的 3 次拔罐，仅靠饮食控制来减肥。到 6 月中旬，两个月一共瘦了 10 千克。

2016 年 7 月下旬，去北京参加天性营地营的时候，我 57 千克，总共瘦了 13 千克。虽然看上去还是有肉，但去年夏天的衣服被我都扔了！

因为全都太大了！

了解天性以后，对自己的认识越来越多，也越来越全面，在一些事情上面也越来越拎得清。越来越觉得，能活成自己本来的样子，是一件多么幸福的事。

天性

2015 年冬天带娃去恐龙园的时候，因为超重，被这个游戏场人员拒绝进入，不能陪娃一起参与。2016 年秋天，瘦下来的我终于可以陪娃一起进去了，特意拍照留念。

减肥这件事，让我体验到了成就感。

小时候，来自父母的肯定很少。他们习惯于自谦，"不要骄傲，一瓶子不响，半瓶子晃荡。"

虽然大家都说我孩子带得很好，但"很好"不可量化。

而减肥是可以量化的，这种可量化给我带来了克服困难的信心。

比方法更重要的，是天性

2018 年春天，我报了一个月的高强度健身课，每周 3 次。

因为身体缺乏锻炼，前几节课都是忍着腿痛、扶墙走的状态，上完每节课都是对自己极限的挑战。坚持不下去的时候，咬咬牙也能坚持到最后。

这一个月让我觉得，原来难的时候，咬咬牙是可以撑过去的。

这个课程结束，又报名了之前一直没敢尝试的芭蕾舞课，每周 2 次，算是对自我认知的一个突破。

今年 9 月份开始，周一到周五早上 7:20 把娃送到学校以后，去学校附近的公园快走 40 分钟。

到现在，靠着饮食控制和运动，断断续续瘦了 7.5 千克，终于破百了。减肥和运动的过程中感到又饿又馋又累，挺辛苦的。但这些都抵不过我因此得到的一种体验：

我，是可以的。

总结下两年多的减肥经验：拔罐、记录体重、他人监督、饮食控制、代谢规律，都有起作用，但起关键作用的是天性，天性是促使我不断改变的启动开关。

减肥的过程，就是转正的过程。

而转正带来的改变，不只是瘦下来。

北京营地营后，我意外落选高辅。除了觉得没面子，更多的是心理上的刺痛。因为够痛，所以才能痛定思痛，去做回顾和反思，才意识到自己负的原因其实在于：不能愿赌服输，习惯性狡辩和找理由。

以前我的关注点都在自己的缺点上：急躁、冒失、主动社交能力差，自己都嫌弃自己。现在，我把关注点更多集中在思维的逻辑性、数字的敏感性和对工作生活的规划和执行上。不纠结、不自弃，涅槃重生。

我不再害怕生活中可能发生的各种不确定。我觉得自己在

天 性

慢慢变得独立和强大，我觉得我还可以做得更好。

希望大家都能够因为结识天性，而多了解自己一点；希望大家都能够找到自己最舒服的姿势，做到最好的自己。

不止于减肥！

（案例提供：无锡 vivi）

成年人的"病"负转正

❋ 和"病"负说再见

泡爸说，正C是温暖的、热情的、快乐的、自信的。

过去的我不是，过去的我，可怜、可恨。因为，我是"病"C、负C。

说说我可恨的一面。结婚后，我和家人的相处简直可以用战争来形容。对抗自己的妈妈，回家都不去看她，宁可住在姑姑家。跟孩子的爷爷奶奶住在一起，却无法相处，几乎每天下班就把自己关在卧室，不敢也不想对他们笑。老公对他们的袒护，更让我有无尽的抱怨和不满。从不主动和他们沟通，脸色很冷漠。连打招呼都是能免则免。孩子也不要他们带，把孩子当作我的私有物品，以此对抗老公。

其实内心并不快乐，很痛苦，也不愿意这样，可又不知道还能怎样做。和老公争吵不断，他说我做家务少，我偏不做，他不放心我出远门，我偏要出远门，他不让我怎样，我偏要怎样。别说欣赏他了，连他的优点都故意想成是气人的缺点。偶尔想关心他一下，也不知道怎样关心好，还怕他不接受……那时心里恨他呀、烦他呀、委屈呀。真的就像生活在同一屋檐下的陌生人，除了看不惯，没有任何有效的沟通，没有任何建设性的行为。内心逼着自己去适应没有他的生活，自己和孩子的事不要他插手，假装强大和独立。说是假装是因为内心根本不强大，反而卑微，胆小得很。

回过头去看，一个本应温暖、热情、好相处的C却完全朝着相反的方向跑了，变得冷漠、爱争执、易受伤。对孩子也是想耐心却做不到，天天有情绪，然后又自责，却怎么也改不了。太痛苦太纠结了。

也许是求生的本能驱动，我四处求救。我读了很多心理学的文章，还有一些灵性成长的书和育儿书，也参加过一些灵性成长的工作坊，这多少帮了我一些。现在看来，那些东西对我来说，只是看到了一个脆弱、痛苦、纠结、虚弱的自己，到底要如何做却各有各的说法，我无法定位，且压力更大，似乎做不到那样，自己就是不好的。

最早接触泡爸，是微博上的18分钟视频，听到最后两分钟竟泣不成声。老实说，并不是因为懂了唐僧四人的特点，而是泡爸对泡妈的赞美、理解。我太渴望有人能理解我了。现在看来，我多C呀，打动C的一定是人、氛围（偷笑）。接下来就是刷泡爸的微博、加群、进和解群。

确认了自己是C，勇敢承认自己作为C的优势劣势，按照泡爸所鼓励的正C方向一点一点前进。居然，慢慢地，我开始觉得，C真的美好极了，终于开始一点一点接受真实的自己、扮演真实的自己。

泡爸的一句"病负不是你的错，那是你的痛"释放了我。那些套在自己身上的负的枷锁终于找到钥匙解开了，从此放下那些较劲、较真、斗争的念头。"正C要温暖、要热情，我只要做好C的这部分就足够了。"我觉得这句话特别重要，因为我们纠结痛苦就是想做包括C在内的全能全才。

想通这些，竟是疯疯癫癫的兴奋，蓦然开始对生活中的点点滴滴充满高涨的热情。和解的时候是冬天，可每天走在上班的路上，一点也不觉得冷，扬起脸走在寒风中，因为心中温暖极了；春天来临的时候，觉得活了快30年了，可这个春天就是格外美。

负面情绪一天比一天少了，感觉世界太美了，生活太美好了，还来不及去细细感受负面情绪，美好的东西又被发现了。

天性

让成年人找回自己，让孩子不被扭曲

我记得有一天雨过天晴，我早上去上班，水泥路很破旧，有很多小坑洼，阳光刚好洒下来照耀着那些小坑洼，像极了一条铺满钻石的马路。如果不是内心的平静，我岂能感受和发现这些美。

生活中，对孩子，以前爱和自由非常打动我，因为那种理念温柔极了。可用在孩子身上我还是不确定，一会自由一会规则。泡爸说C孩是宠不坏的，大胆去宠吧。

非常非常神奇的是，因为心中不再纠结规则，孩子的状态竟立马好起来。这个时候竟很自然达到爱和自由说的那个境界：孩子获得了爱的满足，便会拼命向前发展。他走在街上放声高歌，有空就尽情演绎他喜欢的角色；和小朋友打电话，他声音铿锵有力，自信干脆；有人逗他不能回家之类的，他坚持己见，毫不怀疑爸爸妈妈会丢下他；和他讨论看电视的时间，时间一天比一天少，人家也爽快答应，因为他情感满足了，他愿意答应父母的要求；还每天夸我这个当妈的，妈妈你比白雪公主还漂亮，妈妈你穿这衣服好漂亮，妈妈你的毛巾好漂亮，妈妈我知道你累了，妈妈你别这么担心……我很惭愧，小朋友比我正。

我也很欣慰，因为我心目中理想的做妈妈的感觉就是现在这样，深深地理解和接纳孩子，孩子可以在父母打造的世界里幸福做自己。

和老公的家人方面，每天每时每刻提醒自己不要对抗，把冷漠压下去，要热情。只是心中有这样的信念，能量便瞬间转为正向，家人便不再有威胁感，良性循环开始了。婆婆在电话里会多关心我一句；吃了一辈子特咸的菜，会为了我的口味，把菜调得很淡很淡……很多生活中的细节婆婆愿意主动配合我了。老实说，现在我真的很感激她，不再像以前那样认为理所当然了。

和大 A 老公的变化来得慢很多。这可能因为我们是夫妻，争吵太多、伤害太深，我一度从心理上完全放弃了他这个老公，所以一时半会不太容易面对。这个时候我又翻泡爸的对话记录，他告诉我，我对谁好不是为了讨好谁，只是为了做好自己，做一个正 C。这样一想心中便没有了委屈的感觉。这里要特别、特别、特别感谢静姐、砚砚、小白帽，她们在我和大 A 相处的细节方面提供了很多很多具体的意见和鼓励。没有她们，我走不了这么快。要问我到底要怎么和老公相处，我只能说，只要自己心态是正向的，办法自然会有。包括和孩子相处也是一样，你会不再焦虑怎么还不洗澡、怎么还不写作业、怎

天性

让成年人找回自己，让孩子不被扭曲

么还在哭……你脑子里自然会蹦出适合自己的法子来。

我特别欣慰的是，以前视老公为眼中钉，现在能真心地赞美他，真不是讨好，是真正看到了他的优点。他也跟着变化，包容了很多，愿意调整自己配合我的一些喜好。虽然因为积累了太多不好的相处经历，所以积极相处时，有时还会有不确定和退缩的心理，但已经能够坚持鼓励自己，和过去说再见，和"病"负说再见，踏实接受幸福！

我知道，以我的成长经历，有些痛是终生的。但没有关系，去面对就好了。向正的路途没有尽头，我愿意继续向前。因为方法如此简单，并不需要我们否定自己，只要不断提醒自己一个正人会如何做。感谢，感谢，感谢我的家人承受了我那么多负，感谢泡爸和各位小伙伴们。大家一起加油！

（案例提供：湖南小轩）

　　　　　　　　　　　　成年人的"病"负转正

图书在版编目（ＣＩＰ）数据

天性：修订版／泡爸著. -- 长沙：湖南科学技术出版社，2020.3
ISBN 978-7-5710-0345-6

Ⅰ．①天… Ⅱ．①泡… Ⅲ．①性格－培养 Ⅳ.①B848.6

中国版本图书馆CIP数据核字(2019)第261339号

天性 修订版
著　　者：泡　爸
责任编辑：刘　英　李　媛
出版发行：湖南科学技术出版社
社　　址：长沙市湘雅路276号
　　　　　http://www.hnstp.com
湖南科学技术出版社天猫旗舰店网址：
　　　　　http://hnkjcbs.tmall.com
印　　刷：湖南省众鑫印务有限责任公司
　　　　　（印装质量问题请直接与本厂联系）
厂　　址：长沙县榔梨镇保家村工业园
邮　　编：410129
版　　次：2020年3月第1版
印　　次：2020年3月第1次印刷
开　　本：889mm×1230mm　1/32
印　　张：8.125
书　　号：ISBN 978-7-5710-0345-6
定　　价：39.80元
（版权所有·翻印必究）